人性密码
PASSWORD

赵 飞 编著

辽海出版社

图书在版编目（CIP）数据

人性密码 / 赵飞编著. —沈阳：辽海出版社，2017.10
　　ISBN 978-7-5451-4456-7

　　Ⅰ.①人… Ⅱ.①赵… Ⅲ.①成功心理—通俗读物 Ⅳ.① B848.4-49

中国版本图书馆 CIP 数据核字（2017）第 264488 号

人性密码

责任编辑：柳海松
责任校对：丁　雁
装帧设计：廖　海
开　　本：630mm×910mm
印　　张：14
字　　数：175 千字
出版时间：2018 年 3 月第 1 版
印刷时间：2018 年 3 月第 1 次印刷

出版者：辽海出版社
印刷者：北京一鑫印务有限责任公司

ISBN 978-7-5451-4456-7　　　　　定　价：68.00 元
版权所有　翻印必究

前　言

　　谈到人性，也许很多人会觉得人性是个复杂的，难以理解和捉摸的东西。其实，人性由我们每个人来体现，并且由我们来实践的。

　　那么，究竟人性是什么？

　　答曰：求我幸福。

　　就这么简单吗？就这么简单。这样一个简单的"求我幸福"，恰恰是人类固定不变的天性，并从根本上决定、解释着人类行为。所以我们说，它就是人性。甚至可以说，"求我幸福"这条人性法则不但支配着迄今的人类史，将来依然如此。

　　也许，在很多人看来，这样的解答太过浅显。但细而究之，它实际上蕴含着十分丰富的内容。在人生长河里，谁不希望自己活得更加精彩一些，成功一些，幸福一些。谁不希望生活中多一些快乐，多一些成功的日子。向往成功，憧憬幸福，是人的一种本能。因此，我们要努力去掌控自己的人性，只有对人性有深刻的了解，进而认识和了解人性的弱点、复杂性及其根源，我们就会从中学到如何平衡处世的方与圆，如何以自己的本色获得他人的认同，怎样把握表现与收敛的度，如何更清楚地认识自己，如何自我挑战，如何与他人合作……同时，我们将通晓如何把握幸福的精髓。研究人性、了解人性、把握人性、利用人性，才能使

人性密码

我们立于不败地。

因此，只有掌控了人性的密码，我们的人生才能得以坚持，才能使我们真正强大起来。而人性的掌控就是一个不断认识自己、征服自己和超越自己的过程，也是一个不断展现自己的过程。

目录

第一章 人性如斯：看透人性弱点，掌控命运

　　正如你是自己最大的敌人一样，你也可能成为自己最好的朋友。当你具备了某种品德，能接纳自己，约束住了内心的欲望，心灵变得成熟起来，你就会欣喜地发现你已经成为自己最好的朋友了。随着你的行动，你一定会了解到真正支持你迈向成功之路的人，正是你自己。

谁会是你心中的敌人 …………………………… 2
知人者智，自知者明 …………………………… 4
不要自己放弃自己 ……………………………… 6
究竟是谁在影响你 ……………………………… 8
学会自己给自己做主 …………………………… 10
欲望影响你的行为 ……………………………… 12
拥有简单而明净的内心 ………………………… 14
制服一念之间的欲望 …………………………… 16

第二章 打破枷锁：不要让自卑和嫉妒锁住你的命运

自卑和嫉妒都是人性中压抑自我的沉重精神枷锁，是一种消极、不良的心境。它消磨人的意志，软化人的信念，淡化人的追求，使人锐气钝化，畏缩不前，从自我怀疑、自我否定开始，以自我埋没、自我消沉告终，使人陷入悲观哀怨的深渊不能自拔。认识它，并且克服它，则是一种催人积极奋进的原动力。

完美只是一种幻觉 …………………………… 20
我们不是一无是处 …………………………… 21
把目光投向空白处 …………………………… 23
别让自卑占据你的心灵 ……………………… 26
战胜自卑，超越自己 ………………………… 28
少一点自贬，多一点自尊 …………………… 30
人人都有的弱点 ……………………………… 32
羡慕与嫉妒 …………………………………… 34
不要被嫉妒玩弄 ……………………………… 36
以微笑置之 …………………………………… 38
嫉妒是最大的敌人 …………………………… 40
向嫉妒说再见 ………………………………… 42

第三章 镣铐之舞：学会慢慢欣赏沿途的风景

人生在世，本来就会面临各种各样的压力和挫折，当你学会调整自己，让压力一点一滴而来时，你会发现，压力反而是一种动力，只要你按部就班，它就会不断推动着你努力前进。所以，我们不应该一有压力和挫折便怨天尤人，跟自己过不去。有的时候，我们不妨放慢自己的脚步，一边前进一边欣赏沿途的风景。

别让压力成为心灵枷锁 …………………… 46
压力的孪生兄弟 …………………………… 48
坦然面对你面临的压力 …………………… 50
寻找合适的发泄方式 ……………………… 52
把你的压力变成动力 ……………………… 54
用方法过一种没压力的生活 ……………… 57
失意了你该怎么办 ………………………… 60
警惕哪些"隐形杀手" ……………………… 63

第四章 智慧之眼：每一个自己都是最好的自己

你不能改变周围的环境，但是你可以决定自己

—3—

的想法。无论发生什么事情,只要你能做到宠辱不惊、一笑置之,又怎么不能从容处世呢?当很多人还在为所谓的"身外之物"疲于奔命的时候,聪明的你应该时时告诉自己,生命对每个人来说只有一次,每一个自己都是最好的自己。

相信你只是暂时失败而已 …………………… 67
做一个懂得保护自己的人 …………………… 69
劣势也是可以转化为优势的 ………………… 71
简化生活,人生大不同 ……………………… 73
倾听你内心的声音 …………………………… 75
学会做最好的自己 …………………………… 77
有规划的人生才能成功 ……………………… 79

第五章 自我挑战:任何事情有挑战才会有可能

在别人看来不可能的事,如果当事人能从潜意识去认可"可能",也就是相信可能做到的话,事情就会按照那个信念的强度如何,而从潜意识中激发出极大的力量来。这时,即使表面看来不可能的事,也能够做到了。

弱者和强者的区别 …………………… 83
敢不敢做你害怕的事 …………………… 85
走一条属于自己的路 …………………… 87
行动、行动、再行动 …………………… 90
别让懦弱主宰你的生活 ………………… 93
别让别人偷走你的梦想 ………………… 95
扬起生活的风帆 ………………………… 97
付诸行动，用行动改变未来 …………… 100
只有一步之遥 …………………………… 101

第六章 突破常规：不要过一成不变的生活

我们总是经年累月地按照一种既定的模式运行，从未尝试走别的路，这就容易衍生出消极厌世、疲沓乏味之感。所以，不换思路，生活也就乏味。立刻行动、一心趋向目标、不墨守成规、遵从自己的行动规则和做事的风格，注定会取得理想成绩。

不能自己给自己设限 …………………… 107
有多少"思维枷锁" ……………………… 108
做一个"破坏者" ………………………… 111
完成人生的一个超越 …………………… 113

别被习惯束缚我们的思想 …………………… 115
选择合适的思维定式 ………………………… 117

第七章 人生定位：有目标才能不断超越

如果人生没有目标，就好比在黑暗中远征。人生要有目标，一辈子的目标，一个时期的目标，一个阶段的目标，一个年度的目标，一个月份的目标，一个星期的目标，一天的目标……一个人追求目标越高越直接，他进步得越快，对社会也就会越有益。

目标是人生的灯塔 ……………………………… 121
激发潜能的动力 ………………………………… 123
一生做好一件事 ………………………………… 124
忠于你的梦想 …………………………………… 128
要有实现目标的计划 …………………………… 130
如何实现你的目标 ……………………………… 133

第八章 永不放弃：不抛弃、不放弃就有机会

不管做什么事，只要放弃了，就没有成功的

机会。不放弃就会一直拥有成功的希望。如果你有99%想要成功的欲望,却有1%想要放弃的念头,那么是没有办法成功的。只有聪明是没有用的,你不去努力,原地踏步,都将会是空中楼阁。就算你不怎么聪明也不要紧,只要你努力了,就一定会成为一个有才能的人。

不轻言放弃 …………………………………… 138
放弃,意味着没有机会 ……………………… 140
生命在追求中闪光 …………………………… 142
人生没有犹豫 ………………………………… 144
永不停歇地进取 ……………………………… 145
执着的永恒意义 ……………………………… 147

第九章 坚韧自强:
跌倒与站起都是生命中的必然动作

不愿面对失败的人,永远都是失败的;而敢于面对失败的人,即使他最后失败了,他仍然是胜利者,因为他懂得如何对待挫折。每一个困难与挫折,都只是生活中必然的跌跤动作,我们不必太过惊慌或难过,只要心里牢牢记得小时候那种不怕跌倒的勇敢精神,鼓励自己站起来,拍拍屁股,然后继续前进。或许下一步，我们就能踏着沉稳的步伐，朝着人生的新目标前进。

从跌倒中学会走路 ·················· 150
失败是成功之母 ···················· 152
逆境不会长久 ······················ 153
提高自己的 AQ ····················· 155
通往真理的桥梁 ···················· 157
战胜挫折的心理对策 ················ 160

第十章 从容淡定：
生命有了开始就会有结果的一天

你到底要什么？在内心深处你曾经问过自己吗？如果问过，你满意自己的回答吗？你面临最大的问题，是要克服心灵深处的混乱，追求从容淡定的生活境地。因为，从容才会淡定，淡定就有希望，不管最终的结果如何，我们需要关心脚下迈出的每一步。万事万物都是依循这个简简单单的道理在运行，只要生命有了开始，自然会有果实累累的一天。

养成良好的生活习惯 ················ 164
不必走得太匆忙 ···················· 165

不能成为工作狂 ………………………… 167

张弛之道 ………………………………… 170

给工作排序 ……………………………… 172

给心灵"减负" …………………………… 174

拥有发现美的眼睛 ……………………… 176

第十一章 包容豁达：在心中留出一片天地给别人

宽容是一种美德，它像催化剂一样，能够化解矛盾，使人和睦相处。诸如"退一步天高地阔，让三分心平气和""大肚能容，容天下难容之事；开口便笑，笑世上可笑之人"，这种不重表面形式的输赢，而重思想境界和做人水准高低的行为是高尚的。只有一个拥有豁达心态的人，才会学习在心中留出一片天地给别人。

超越局限的自身 ………………………… 180

宽容走一生 ……………………………… 182

给别人机会 ……………………………… 184

重要的是行动 …………………………… 186

宽容是最伟大的爱 ……………………… 188

战胜自己的情绪 ………………………… 190

保持微笑 ································· 192
提升你的 EQ ······························· 194
感谢批评你的人 ··························· 197
从容让你不战而胜 ························ 199
礼貌谦让 ································· 201

第十二章 重视情感：事业成功只能算成功了一半

《高效能人士的 7 个习惯》告诉我们：仅有事业成功只能算成功了一半，唯有兼顾事业、家庭、人际关系、个人成长等人生其他层面的和谐发展才是真正的成功。

将你身边的爱传递出去 ···················· 205
拥有感恩的心才能走得更远 ················ 207

第一章
人性如斯：
看透人性弱点，掌控命运

　　正如你是自己最大的敌人一样，你也可能成为自己最好的朋友。当你具备了某种品德，能接纳自己，约束住了内心的欲望，心灵变得成熟起来，你就会欣喜地发现你已经成为自己最好的朋友了。随着你的行动，你一定会了解到真正支持你迈向成功之路的人，正是你自己。

谁会是你心中的敌人

在追求成功的过程中，只有暂时的挫折和失利，没有永久的失败，也没有永久的成功。除了自己，没有任何人可以使你沮丧消沉。

你是否曾经觉得自己就是自己最大的敌人？许多人都有这样的经验，不论做什么事，结果往往不能如愿。出了问题，也只好责怪自己。

人的一生总会遇到一些敌人，如流氓、无赖、小人，此等衣冠禽兽之徒可恶之极，但看穿了，也无非是一堆垃圾。人最大的敌人，还是自己。一个人能战胜自己，也就攻无不克、战无不胜了。怕的是自己患了病，茫然不知，处事犹豫不决，或过高地估价自己，由此而自大；或过分地崇拜他人，由此而自卑。一旦战胜自己，也就在思想上有了一个飞跃，人生会打开新的一页。

有一个潦倒落魄的人，非常想使自己糟糕的处境有所改变，然而在工作上却偷奸耍滑，应付了事。他认为自己的薪金太少，在工作上偷懒是应该的。这样的人并不懂得改变处境的方法，他的懒惰、自欺欺人的想法，不仅无法摆脱贫穷，而且还会使自己深陷于更加困苦之中。

这个故事说明这样的道理：自身是造成所处环境的原因（虽然人们平时并未意识到）。一些人一方面展望美好的人生目标，另一方面却不断抱怨自身的处境，将所有原因全部归咎于他人，因此失败的例子比比皆是。人如果真正懂得思想的巨大作用，环境就不会成为失败的借口了。

第一章　人性如斯：看透人性弱点，掌控命运

人生没有永久的成功与失败，人生就是由成功和失败串联而成的。

很多人在有机会赢之前，便已失去斗志。其实，输赢之间的界限很模糊，"赢"意味着拥有许多美好的事物，"输"意味着负面的一切不如意的事物，换句话说，赢就是成功，输就是失败。

教人如何成功的书很多，但是，要做个全面成功的人又何其艰难，何不用"游戏"的态度来面对人生，这里所说的"游戏"不是漫不经心，而是用轻松的心情，再度扬帆。许多时候如果你能够重新看世界，你就会有不同的看法。在追求成功的过程中，只有暂时的挫折和失利，没有永久的失败，也没有永久的成功。

失败是一种过程，成功才是目标，有了过程的艰辛，才有成功的喜悦。有的人因为害怕失败，一碰到挫折就又退回原来的地方，宁愿平庸也不愿接受考验，就和大部分有鸵鸟心态的人一样，即使对现况不满意，也不愿意放手一搏，总是自我安慰或者为自己找借口，通常，这种人都是与成功无缘的人。

一个人在逆境的时候，保持乐观绝非易事。你必须在一个又一个向你扑来的困难面前不屈地站住，脸上带着笑容，心中充满阳光，然后用自信的步伐走上前去，把困难踏碎！心态决定命运，思想极其重要。只要知道你在想什么，就可以知道你是怎样的一个人。如果在一天里，我们脑海中都是快乐的念头，我们就能快乐；如果我们想的是悲伤的事情，我们就会觉得悲伤；如果我们想到一些可怕的情况，我们就会害怕……

生命并不单纯，我们应该选择正面的态度，而不是采取反面的态度，换句话说，我们必须关切我们的问题，但不能忧虑。当我们被各种烦恼困扰着，整个人精神紧张不堪时，我们可以凭借自己的意志力，改变自己的心境，我们应当记住：思想运用和思想本身，就能把地狱造成天堂，把天堂造成地狱。

人性密码

知人者智，自知者明

只有自己把自己说服了才是一种理智的人生，只有自己把自己感动了才是一种升华的人生，只有自己把自己征服了才是一种成熟的人生。

认识和发挥自己的长处，同时也是一种心理上积极的自我暗示，可以让这种积极的心态和行动成为思维习惯，成为不用有意控制的心理活动。

当我们开始自感不如人的时候，大声问自己："我是只知道对着缺点叹气的人吗？"只有摆脱自卑心理的阴影，不再悲伤、寂寞、烦躁、颓废、痛苦，才能成为一个生活的强者！心理学家曾经做过这样一个实验，从一所小学的六年级学生中，挑出一组学生作为研究对象，告诉校长和老师们，这是经过他们测试认定为能力超群的儿童。

经过15年的追踪调查，人们发现，这些能力超群的儿童果然不同凡响，都成为学校的尖子生，毕业后走上社会，也都成为出类拔萃的人物。

心理学家最后一次来到学校，与校长交流的时候，告诉他：当年那些研究对象都是用随机的方式挑出来的，根本没有经过任何测试。研究的结果表明，一个人如果相信自己能力超群的话，那么他就会变得能力超群。

我们总会受一些心理暗示的影响，就像下面故事中的金佛，用泥土掩盖了真正的自己。

在泰国，有一座叫金佛寺的庙宇，里面有一座10.5尺高，全身由黄金打造的实心佛像,重达两吨半,价值将近两亿美元。

1957年,由于泰国政府决定在曼谷市内兴建高速公路,位于路段上的某间寺庙因此被迫迁移,寺内的和尚只得将庙中的土造佛像放置到其他地点。

这座佛像体积庞大,重量惊人,所以在搬运的过程中开始出现了裂缝。更糟的是,此时又下起滂沱大雨,寺内的大师为了不让神圣的佛像再受到损害,便决定先将佛像放回原地,然后用大幅的帆布覆盖,以免遭受雨水的侵袭。

晚上,大师拿着手电筒,掀开帆布检查,想看看佛像有没有被雨水淋湿。灯光照到裂缝处时,他发现那里反射出一道怪异的光芒,大师趋前仔细检查后,怀疑这层土块藏有别的东西。

他回庙中取来了凿子和榔头,小心翼翼地开始敲打佛像表面。当他敲掉第一片土块时,惊异地发现闪闪的金光。大师用了好几个小时,终于让一座纯金的佛像重见天日。

据说,几百年前,缅甸军队曾出兵攻打当时称为暹罗的泰国,暹罗和尚知道敌军即将来袭后,便在珍贵的黄金佛像表面上覆盖泥土,以免被缅甸军队掠走。

据说这些和尚后来全被入侵者杀害,但这座价值连城的佛像被完整地保存下来,直到1957年才被后人再次发掘。

其实我们都像那座佛像,本质上是个纯金的,但在成长过程中被种种东西裹上一层厚厚的壳。从小开始,我们就学会了将内心中那个如黄金般纯真的自我隐藏起来。

其实,人最熟悉的是自己,最陌生的也是自己。老子说:"知人者智,自知者明。"王安石说:"知己者,智之端也。"只有自己把自己说服了才是一种理智的人生,只有自己把自己感动了才是一种升华的人生,只有自己把自己征服了才是一种成熟的人生。事实上,有力量征服自己的人才有力量征服一切挫折、痛苦和不幸。

不要自己放弃自己

情绪的感染有时像野火般快速蔓延，不管是快乐或者悲伤的情绪都具有传染的因子。

晴儿是一名外资公司的白领，收入颇丰。在外人看来她是成功而快乐的，但是她却越来越感到自卑和焦虑，经常感觉压抑、沉闷、抑郁，与同事关系紧张。晴儿经常反省自己的言行是否妥当；如别人有一点不满，即自责不止；工作认真努力，写一份文案需要修改多次却仍然不满意；由于身材稍胖，现在每天几乎不吃面食；对自己的长相、衣着要求也很苛刻，每天早晨必须有一个小时的化妆时间才能出门。但越是这样她越会经常与别人进行比较，发现自己的短处，这种感觉使晴儿长期失眠，陷于压抑、痛苦、焦虑的心理状态之中，严重影响了工作和生活。

每个人都有情绪，只是这个情绪来得是不是时候，最重要的是别让负面的情绪来左右你的生活，造成更大的困扰，要掌握自己的第一步就是掌握情绪。

情绪的感染有时像野火般快速蔓延，不管是快乐或者悲伤的情绪都具有传染的因子。负面的情绪有时来自他人，有时来自本身，为了不要让负面情绪影响到你，最重要的是让自己对负面情绪有免疫的能力，别迷失在不愉快情境中而无法自拔。

其实，这最根本的原因就是我们不能接受所有的自己。过于苛求使我们失去更多，甚至越来越不能面对自己。

在佛经中，有这样的一段譬喻：

一位牧牛人，拥有250头牛。他每天都会到一个水草丰足的旷野放牛,让牛群优哉游哉地吃草、喝水。

有一天,忽然跑出一只老虎,咬死了一头牛,这250头牛,因此少了一头。牧牛人万念俱灰,他觉得少了一头牛,对他来说,已经不完美了,为此,他心中很懊恼,一直耿耿于怀!过了几天,他觉得少了一头牛,已经不是原来的250头。那其余249头牛,又有何用呢?于是就将249头牛赶落悬崖,那群牛就这样全被他灭杀了。

这段佛经的譬喻是说,

不要因为失去了一头牛,而抹杀了其他249头牛的生存权利。人生亦然,不要因为自己一点小小错误,而抹杀了其他的优点,接受自己的全部,才能拥有真实的自己。

在生活中,有各式各样的问题使人沮丧、悲哀、痛心、寂寞、内疚、懊恼、愤怒、恐惧、焦虑甚至绝望。所有这些情绪,都让我们心乱如麻,这种感觉比身体上的痛苦更令人难以忍受。

一个人坐在公园里抽烟,陷入深深的苦闷里。

一个牧师来到他的身边:"您一定有什么解决不了的问题吧?说出来让我帮帮你。"

这个人看了牧师一眼,然后冷冷地说:"我的问题很多,我厌倦了,没有人能够帮我。"

牧师把自己的名片留下,约这个人明天见面。出于好奇,这个人如约而至。牧师把这个人带到教堂后面的墓地里,指着一片墓碑对他说:"你看一看吧,这里所有的人都没有任何问题。"

是啊,只有在地下躺着的人,才不会有任何问题去烦他。

所以我们要接受所有的自己,不要因为失去了某种能力或才华,而放弃了自己。看重自己的优点,改进自己的缺点,如果你是天生就失去某种能力或肢体上有所障碍,我想,上天一定还会为你打开另一扇窗。

究竟是谁在影响你

有时太尊重别人的意见,反而使我们失去应有的目标和快乐。所谓实践出真知,任何时候我们相信的都应该是事实,而不是别人的意见。

有一次,学生们向苏格拉底请教怎样才能相信自己。

苏格拉底让大家坐下来。他用手拿着一个苹果,慢慢地从每个同学的座位旁边走过,一边走一边说:"请同学们集中精力,注意嗅空气中的气味。"

然后,他回到讲台上,把苹果举起来左右晃了晃,问:"有哪位同学闻到苹果的味儿了吗?"

有一位学生举手站起来回答说:"我闻到了,是香味儿!"

苏格拉底又问:"还有哪位同学闻到了?"

学生们你望望我,我看看你,都不作声。

苏格拉底再次走下讲台,举着苹果,慢慢地从每一个学生的座位旁边走过,边走边叮嘱:"请同学们务必集中精力,仔细嗅一嗅空气中的气味。"

回到讲台上后,他又问:"大家闻到苹果的气味了吗?"

这次,绝大多数学生都举起了手。

稍停,苏格拉底第三次走到学生中间,让每位学生都嗅一嗅苹果,回到讲台后,他再次提问:"同学们,大家闻到苹果的味儿了吗?"

他的话音刚落,除一位学生外,其他学生都举起了手。

那位没举手的学生左右看了看,慌忙也举起了手。

苏格拉底笑了:"大家闻到了什么味儿?"

学生们异口同声地回答:"香味儿!"

苏格拉底脸上的笑容不见了,他举起苹果缓缓地说:"非常遗憾,这是一只假苹果,什么味儿也没有。"

看到这个故事,所有的人都会笑,因为它太荒谬了。可是在生活中,我们也不同程度地扮演着学生的角色。从本质上来讲,我们受到别人的影响与干涉,是因为对方具有一定的威慑力!生活中,有很多形象不时在威慑着我们。

在这样的情况下,我们按照已有的思维定式去看这个世界,殊不知很多时候,世俗的眼光未必是正确的。

打从玛丽嫁到这座农场来的时候,那块石头就已经在这里了。石头的位置刚好位于后院的屋角,而且是一块形状怪异、颜色灰暗的怪石。它的直径大约一米,从屋角的草地里凸出将近两厘米。如果不小心的话,随时都有可能被它绊倒。

有一次,当玛丽使用割草机清除后院的杂草时,不小心碰到了石头,割草机高速运转的刀片就这样被碰断了。因为常常造成不便,玛丽就对丈夫说:"能不能想个办法,把这块石头挖走呢?"

"不可能挖起来的。"丈夫这么回答,玛丽的公公也表示同意。

"这块石头埋得很深,"公公对玛丽说,"从我小时候,这块石头就在这里了,从来没有人尝试把它挖起来。"

石头就这样继续留在后院里,年复一年,玛丽的孩子们出生,然后成家,接着是玛丽的公公去世,到最后,玛丽的丈夫也去世了。

在丈夫的葬礼过后,玛丽开始打起精神清理房了,这个时候她看见了那块石头,因为它的关系,周围的草坪始终无法生长良好。

于是玛丽拿出了铁铲和手推车,准备花上一整天的时间挖走这块石头。没想到才过了个几分钟,石头就已经开始松动,而且一会儿工夫就被玛丽给挖出来了。

原来,这块石头只不过埋了几十厘米深而已。于是,那块原本每一代都认定没办法移动的石头,就这样简单地被移走了。

如果玛丽没有亲自动手去做,关于这块石头困难的"神话",或许也就这么继续流传下去了。

有时太尊重别人的意见,反而使我们失去应有的目标和快乐。所谓实践出真知,任何时候我们相信的都应该是事实,而不是别人的意见。

学会自己给自己做主

把自己快乐与否寄托于外物本来就已经是一种悲哀,由于这种寄托而被别人奴役,则更是一种愚不可及的做法。

在浩渺的太平洋上,有一座小岛叫雅普岛,岛上有许多洁白如玉的石头。

二战期间,德国人为了奴役当地人,用大把的马克来收买头人,头人却嗤之以鼻。后来一打听,原来在雅普岛居民的心中,只有那些石头才代表金钱,代表财富。

于是,狡猾的德国人派人把雪白的石头都刷上小黑十字,雅普人顿感财富丧失,一贫如洗;德国人后来把小黑十字洗掉,雅普人立刻为财富的失而复得而欢呼雀跃,并出于感激帮助德国人筑路。

把自己快乐与否寄托于外物本来就已经是一种悲哀,由于这种寄托而被别人奴役,则更是一种愚不可及的做法。在生活

第一章 人性如斯：看透人性弱点，掌控命运

中追求别人所表现出的快乐，和那些雅普人一样，是和自己过不去。

很多时候，我们习惯于把自己的感情和情绪寄托在某件事物上，于是往往会受到这件事物的影响。

有一位著名的心理学家曾经做过这样一个试验，他把几个志愿者带到一间黑暗的房子里。在他的引导下，志愿者们很快就穿过了这间伸手不见五指的神秘房间。

接着，心理学家打开房间里的一盏灯，在这昏黄如烛的灯光下，志愿者们才看清楚房间的布置，不禁吓出了一身冷汗。原来，这间房子的地面就是一个很深很大的水池，池子里蠕动着各种毒蛇，就在这蛇池的上方，搭着一座很窄的木桥，他们刚才就是从这座木桥上走过来的。

心理学家看着他们，问："现在你们还愿意再次走过这座桥吗？"大家你看看我我看看你，一时间冷了场。

过了片刻，有3个志愿者犹犹豫豫地站了出来。其中一个志愿者一上去，就异常小心地挪动着双脚，速度比第一次慢了好多倍；另一个志愿者战战兢兢地踩在小木桥上，身子不由自主地颤抖着，才走到一半，就挺不住了；第三个志愿者干脆弯下身来，慢慢地趴在小桥上爬了过去。

这时，心理学家又打开了房内另外几盏灯，强烈的灯光一下子把整个房间照耀得如同白昼。志愿者们揉揉眼睛再仔细看，才发现在小木桥的下方装着一道安全网，只是因为网线的颜色极暗淡，他们刚才都没有看出来。心理学家大声地问："你们当中还有谁愿意现在就通过这座小桥？"

志愿者们没有出声，心理学家问道："你们为什么不愿意呢？"志愿者心有余悸地反问："这张安全网的质量可靠吗？"

心理学家笑了："我可以解答你们的疑问了，这座桥本来不难走，可是环境对你们造成了心理威慑，于是，你们就失去了平静的心态，乱了方寸，慌了手脚。"

在生活中，我们不断地与外界的人和物接触，别人不断给我们各种各样的信息，而所有信息，就像上面试验中的蛇和网子一样，对我们的心情以及决策产生不同的影响。

如果我们太容易受到别人语言和信息的干扰，心随境转，而不愿意自己做主，我们也会成为被人嘲笑的雅普人。

欲望影响你的行为

人的欲望是座火山，如不控制就会害人伤己。

对于人们的"欲望"，佛经中的分类更为详尽。《大智度论》二十一卷中列出6类：一是色欲，二是形貌欲，三是威仪姿态欲，四是言语音声欲，五是细滑欲，六是人想欲。

美国俄亥俄大学的学者们近日宣布一项研究结果：人类所有的行为都是由15种基本的欲望和价值观所控制的。

参与测试和调查的2500名全美各阶层人士代表必须如实回答300多个设计好的问题，经过专家学者结合心理学和精神病学的综合分析，得出了这15种基本欲望：

（1）好奇心：所有人对学习求知的渴望是不可抗拒的；

（2）食物：对食物的饱腹感有欲望是人本能的需求；

（3）荣誉感：以此满足个人心理，并构成一个完整的社会结构；

（4）被社会排斥的恐惧：这令人们被动且自觉地遵守规则；

（5）性：弗洛伊德将其置于"清单"之首；

（6）体育运动：人们对运动和健康的渴望是天生的；

（7）秩序：人人都希望在日常的生活中占有一席之地；

（8）独立：对于自作主张的渴望；

（9）复仇：就像莎士比亚著作里的王子那样不会轻易忘记仇恨；

（10）社会交往：渴望成为众人中一份子并拥有众多的朋友；

（11）家庭：与家人共享天伦之乐的欲望；

（12）社会声望：对名誉和地位的渴望；

（13）厌恶：对疼痛和焦虑的厌恶；

（14）公民权：对服务公共和社会公正的渴望；

（15）力量：希望影响别人。

那么，是什么控制人的这些欲望呢？专家学者研究后发现：一是信仰（道德），占80%；二是制度（法律），占20%。所以人的正确行为主要源自正确的信仰和道德。

欲望是每个人都有的，唯一不同的是欲望是什么。古时候，当一个太监失去了男人所特有的欲望后就会对金钱特别感兴趣，这就是钱的欲望。

当一个人有了想变漂亮的欲望后，他（她）就会变得一无所求而一心想要漂亮，但是一个不漂亮的人会有一种以其他方面来弥补自己不漂亮的欲望。这样就可以看出，上天对每个人的欲望是公平的，是按比例分配的。所以，一个人如果可以合理地分配自己的欲望，那么他不一定成功，但是如果不注意分配的话，他将一定失败。

要记住：凡事皆有度。如果不懂得节制你的欲望，到头来一定是得不偿失。

一个沿街流浪的乞丐每天总在想，假如我手头要有两万元钱就好了。一天，这个乞丐无意中发觉了一只跑丢的很可爱的小狗，乞丐发现四周没人，便把狗抱回了他住的窑洞里，拴了起来。

这只狗的主人是本市有名的大富翁。这位富翁丢狗后十分着急，因为这是一只纯正的进口名犬。于是，他在当地电视台发了一则寻狗启事：如有拾到者请速还，付酬金两万元。

第二天，乞丐沿街行乞时，看到这则启事，便迫不及待地抱着小狗准备去领那两万元酬金，可当他匆匆忙忙抱着狗又路过贴启事处时，发现启事上的酬金已变成了3万元。原来，大富翁寻狗不着，又电话通知电视台把酬金提高到了3万元。

乞丐似乎不相信自己的眼睛，向前走的脚步突然间停了下来，想了想又转身将狗抱回了窑洞，重新拴了起来。

第三天，酬金果然又涨了，第四天又涨了，直到第七天，酬金涨到了让市民都感到惊讶时，乞丐这才跑回窑洞去抱狗。

可想不到的是那只可爱的小狗已被饿死了，乞丐还是乞丐。

其实人生在世，许多美好的东西并不是我们无缘得到，而是我们的期望太高，往往在刚要接近一个目标时，又会突然转向另一个更高的目标。西方一位哲人曾说过这样一句话："人的欲望是座火山，如不控制就会害人伤己。"

拥有简单而明净的内心

俗语说：家有黄金千吨，一日不过三顿；家有千间房，晚上一张床。储水万担，用水一瓢；大厦千间，夜眠八尺。这些都是戒贪欲的金玉良言。

一个富有的旅行者看见一个贫穷的渔夫也悠闲地在这举世闻名的海滩晒太阳，感到很不可思议，忍不住走上前去问他。

你为什么不工作呢？

第一章　人性如斯：看透人性弱点，掌控命运

渔夫答：我今天已经工作过了，打上的鱼已经够我一天所用了。

旅行者很可惜：那你可以打多一点鱼，多赚点钱呀。

渔夫：要那么多钱干什么？

富翁：可以买更多的船，打更多的鱼呀。

富翁继续想象：还可以有自己的船队，然后建立远洋航运公司……最后当上百万富翁。

渔夫：当了百万富翁又怎样呢？

富翁：那时你就可以什么都不用做，可以躺在世界上最著名的海滩上晒太阳啊。

渔夫哈哈大笑：我现在不正在这里晒太阳吗？

在现实生活中，有不少的人在"如蛾扑灯"般地放纵自己的欲望，最终身败名裂，得不偿失。

欲望是人的心中最大的阴影，如果你不能告别欲望，你的心中永远也不能填满阳光。那么，我们要节制那些欲望呢？

首先，我们应该节制金钱欲。钱这个东西，目前还起着一般等价物的作用，我们的衣食住行都还得靠它。但君子爱财，取之有道。不该你得的，千万不要有非分之想。

其次，我们应该节制色欲。有人说，钱、色是一对孪生兄弟，所谓饱暖思淫欲。社会中有一些玩弄女性、养情妇、包二奶的，甚至还有嫖娼宿妓的人。但是，我们不妨静下心来看，这些人的结局不是走进监狱，就是身败名裂。

再次，我们应该节制权力欲。一个人踏上从政的道路，在政治上追求进步，也是正常的。然而，官有两种做法，一是往上做，一是往下做。显然，愈往上做，位置愈少，资源也就越稀缺。因此往上做，有时是可遇不一定可求，有时又是可求而不一定可得。一个人如果官欲太强，为了达到目的，往往还会不择手段。

梁启超曾说："富贵利达，耳目声色……皆足以夺志。"

因此，我们每一个人都要保持平常之心，力戒贪欲。俗语说：家有黄金千吨，一日不过三顿；家有千间房，晚上一张床。储水万担，用水一瓢；大厦千间，夜眠八尺。这些都是戒贪欲的金玉良言。的确，人的一生真正需要的其实非常有限。

孟子曰："养心莫善于寡欲。"如果我们没有那么多的欲望，我们的内心自然是明净的，简单的生活总会让我们感受到快乐。

制服一念之间的欲望

其实人的需求是很低的，远远低于人的欲望。

虽然谁都会有些需求与欲望，但这要与本人的能力及社会条件相符合。每个人的生活都会有欢乐，也有缺憾，不能搞攀比，俗话说"人比人，气死人""尺有所短，寸有所长""家家都有本难念的经"。心理调适的最好办法就是做到知足常乐，"知足"便不会有非分之想，"常乐"也就能保持心理平衡了。

有一户从农村来城里打工的人家，男人做的是城里人都不愿做的清洁工，每天拖着垃圾车往垃圾站转运垃圾，女的刚来时身怀有孕，生了孩子后，就出去给人擦皮鞋。他们租住的房子，是一户人家在围墙边搭盖的简易厨房，房子很小，里面只能放下一张双人床。他们的家具都是别人丢弃的，根本就放不进房间里面，只能放在屋外，就连吃饭的饭桌也没有，有了也没地方放，所以他们只能在屋外吃饭，有时将菜碗放在板凳上，有时干脆将炒菜的锅当菜碗用，在锅里吃。

他们是属于那种城市贫民，是城市里的边缘人，可是他们看上去没有一点愁苦的感觉。他们住的地方是宿舍大院的大门口，经常人来人往，那男的每天哼着小曲，忙进忙出，跟来来往往的人打着招呼、聊着天，而且有求必应，特别的热心，也特别的快乐，一脸的满足。他们觉得他们的需求已经得到了满足，所以，他们很知足。

这对夫妻的财富和那些腰缠万贯的人比起来一贫如洗，可他们的快乐却比腰缠万贯依然愁容满面的人多了许多。这是为什么？

其实人的需求是很低的，远远低于人的欲望。你的房子再多再大，你也只能在一间屋子里，一张床上睡觉；把世界上所有的山珍海味都摆在你的桌子上，你也只能吃下你胃那么大小的东西；你的衣柜里挂满了各式各样的高档名牌时装，你也只能穿一套在身上；你的鞋子有无数双，你也只能穿一双在脚上；你的汽车有无数辆，你也只能开着一辆在街上跑……

可是，人们追求物质享受的那种无穷尽的欲望，有时却使人们的财富变成一种累赘。买了大房子还想买更大的房子；屋子装修了一遍又一遍；小汽车换了一辆又一辆；家具换了一套又一套；家用电器更新了一代又一代。不是因为别的，只是因为有钱，只是希望那些东西、那些身外之物看上去更气派、更豪华、更先进。

每个人都有选择自己生活方式的权利，这无可厚非。但如果你那无限膨胀的对财富的欲望，影响了你的健康、你的爱情、你的婚姻、你的家庭、你的快乐，让你整天为此疲于奔命，让你寝食难安，带给你无限的烦恼，更有甚者，如果这种欲望变成了一种无法满足的贪欲，并促使你走上了犯罪道路，不仅毁掉了自己的一生，甚至还搭上了性命。那么这种生活方式对你来说就太不值得啦！"一念之欲不能制，而祸流于滔天。"世界其实很简单，钱本无善恶。钱能买到房子，但买不到家；钱能买到药品，但买不到健康；能买到床，但不能买到休息，钱

人性密码

不是万能的！人生必不可少的东西其实是很少也很便宜的。认识清楚了这一点，我们就可以活得从容一些。不那么忙碌，不那么心浮气躁。因为不管社会怎么发达、物价如何上涨，你只要具备一份平常心，只追求一种平常生活，做到一生衣食无忧就是件很简单的事情。我们还可以腾出时间精力来，有一些别的追求和享受。

第二章
打破枷锁：
不要让自卑和嫉妒锁住你的命运

　　自卑和嫉妒都是人性中压抑自我的沉重精神枷锁，是一种消极、不良的心境。它消磨人的意志，软化人的信念，淡化人的追求，使人锐气钝化，畏缩不前，从自我怀疑、自我否定开始，以自我埋没、自我消沉告终，使人陷入悲观哀怨的深渊不能自拔。认识它，并且克服它，则是一种催人积极奋进的原动力。

人性密码

完美只是一种幻觉

只要仔细观察身边的人，就会发现，再优秀的人，总有他的缺点和瑕疵；再差的人，也总有他的优点和独特之处。

一天早晨，园丁到花园里去的时候，发现所有的花草树木都枯萎凋谢了，园中充满了衰败景象，毫无生气。

他非常诧异，就问花园门口的一棵橡树：你们中间究竟出了什么事？

后来他得知，橡树因为自怨没有松树那样高大挺拔，所以就生出厌世之心，不想活了；松树又因自己不能像葡萄藤那样结果子而沮丧；葡萄藤也很伤心，因为它终日匍匐在地，不能直立，又不能像桃树那样绽开美丽的花朵；牵牛花也苦恼着，因为它自叹没有紫丁香那样芬芳。其余的树木也都有垂头丧气的理由，都埋怨自己不如别人。

这时，只有一棵小草长得青葱可爱。于是园丁问它：你为什么没有沮丧？

小草回答：我没有一丝灰心，一毫失望。我在此园中虽然算不上重要，但是我知道你需要一株橡树、一棵松树，或者葡萄藤、桃树，或者牵牛花、紫丁香，你才去栽种它们；我知道你也需要我这棵小小的草，我就心满意足地去吸收阳光雨露，使自己天天成长。

这个富有哲理性的故事告诉我们：世界上没有十全十美的事物，也没有完全一样的东西。那么，作为万物之灵的人类，又会不会有十全十美的一个或者完全相同的两个？成绩不够好的人，也许卡拉OK唱得很棒；不够聪明的人，也许心地善良；

你也许数学不好，可是能写出很好的文章；你貌不出众，可你人缘很好……只要仔细观察身边的人，就会发现，再优秀的人，总有他的缺点和瑕疵；再差的人，也总有他的优点和独特之处。这就是尺有所短、寸有所长的道理。

我们往往就是花园中的橡树、松树、葡萄藤、桃树、牵牛花、紫丁香……由于自卑的作怪，我们看不到自己的优点。追求完美，是人的向上天性，可是不完美却是现实生活的真实写照，如果总以幻想中的"完美"来要求自己，那就永远走不出自卑的泥沼。而自卑，又像一堵看不见的篱笆墙，把自卑者隔离和封闭起来。因为自卑，他们有了退缩乃至失败的借口。自卑消磨了少男少女的青春热情和朝气，也扼杀了他们的进取精神，使他们成为同龄人中的落伍者。

自卑是一种不良的心理状态，但人们常常不能直接感受它，它常常隐藏在不良的情绪和行为后面，如无缘无故的紧张、不安、担心、害怕。自卑不但影响人的情绪，也使人在人际交往中退缩不前，更能影响人能力的发挥。而自信是自卑的克星，也是我们与生俱有的潜能，培养自信就能克服自卑。

明白这个道理，你就会在思想上豁然开朗，从而悦纳自己，接受现实，避开弱点，最大限度地发扬自己的长处。这样，你也许将来会成为歌唱家、文学家、社会活动家或慈善事业家。

我们不是一无是处

自卑的人往往碰到过一些困难，便觉得自己一无是处，其实他们可以在关键的时刻发出光彩，他们能改变自己的一生，也能影响到别人。

人性密码

　　心理学认为，自卑是一种过多地自我否定而产生的自惭形秽的情绪体验。自卑心理可能产生在任何年龄段和各种各样的人身上，比如说，德才平平，生命仍未闪现出"辉煌"与"亮丽"，往往容易产生"看破红尘"的感叹和"流水落花春去也"的无奈，以至把悲观失望当成了人生的主调；经过奋力拼搏，工作有了成绩，事业上创造了"辉煌"，但总担心"风光"不再，容易产生前途渺茫、"四大皆空"的哀叹；随着年龄的增长，青春一去不回头，往往容易哀怨岁月的无情或生发出红日偏西的无奈……这种自卑心理是压抑自我的沉重精神枷锁，是一种消极、不良的心境。它消磨人的意志，软化人的信念，淡化人的追求，使人锐气钝化，畏缩不前，从自我怀疑自我否定开始，以自我埋没自我消沉告终，使人陷入悲观哀怨的深渊不能自拔。

　　湖南有一位大学生，毕业后被分配在一个偏远闭塞的小镇任教。看着昔日的同窗有的分配到大城市，有的分配到大企业，有的投身商海。繁琐的现实使他充满梦想的象牙塔坍塌了，好似从天堂掉进了地狱。他的自卑和不平衡感油然而生，从此不愿与同学或朋友见面，不参加公开的社交活动。为了改变自己的现实处境，他寄希望于报考研究生，并将此看作唯一的出路。但是，强烈的自卑与自尊交织的心理让他无法平静，在路上或商店偶然遇到一个同学，都会令他好几天无法安心。他痛苦极了。为了考试，为了将来，他每每捧起书本，都因极度的厌倦而毫无成效。据他自己说："一看到书就头疼。一个英语单词记不住两分钟；读完一篇文章，头脑仍是一片空白。最后连一些学过的常识也记不住了。我的智力已经不行了，这可恶的环境让我无法安心，我恨我自己，我恨每一个人。"

　　几次失败以后他停止努力，荒废了事业，当年的同学再遇到他，他已因过度酗酒而让人认不出了。他彻底崩溃了。短短的几年却成了他一生的终结。

自卑是一种心理暗示，给你这种暗示的，正是你自己。你给自己贴了失败者的标签，就注定自己的一生是失败的！玛丽觉得自己长得不够漂亮，所以她很自卑，走路都是低着头。有一天，她到饰物店去买了只绿色蝴蝶结，店主不断赞美她戴上蝴蝶结很漂亮，玛丽虽不信，但是挺高兴，不由昂起了头，急于让大家看看，出门与人撞了一下都没在意。

玛丽走进教室，迎面碰上了她的老师，"玛丽，你抬起头来真美！"老师爱抚地拍拍她的肩说。

那一天，她得到了许多人的赞美。她想一定是蝴蝶结的功劳，可在镜前一照，头上根本就没有蝴蝶结，一定是出饰物店时与人碰撞时弄丢了。

不过，玛丽知道，以后她再也不需要蝴蝶结了。

这是一个真实的故事，这位叫玛丽的小女孩现在已经是HBO的著名主持人了。其实你我的身边也有很多类似的事，只是他们没有玛丽这么幸运，还是在受着自卑的折磨。

自卑的人往往碰到过一些困难，便觉得自己一无是处，其实他们可以在关键的时刻发出光彩，他们能改变自己的一生，也能影响到别人。

把目光投向空白处

绝大多数人看到的都是白纸上的缺点，而忽略了黑点旁边更大的白纸空间。由于只看到自己的缺点而感到自卑，使得自己生活不如意，人际关系紧张。

人性密码

有一个女孩事业遭到重大失败以后，哭着跑回了家。

在父母亲的劝解下，女孩仍然无法释怀，觉得自己一无是处。这时父亲拿出一张白纸和一支笔，交给女儿，让她每想到自己一个不足与缺点，就在白纸上画一个黑点。

女儿拿过笔，不停地在白纸上画黑点，在她画完以后，父亲拿起白纸，问她看到了什么，女儿回答："缺点啊，全都是该死的缺点。"

父亲笑着问她还看到什么，她回答说："除了黑点，什么都没有看到。"

在父亲的一再追问下，女儿终于回答说，除了黑点外，还看到白纸，于是父亲问女儿："你是否有优势呢？"女儿想了很久，终于勉强地点了点头，开始思考自己的优势，渐渐地语气缓和了，态度开朗了，终于破涕为笑，鼓足勇气重新开始自己的事业。

绝大多数人看到的都是白纸上的缺点，而忽略了黑点旁边更大的白纸空间。由于只看到自己的缺点而感到自卑，使得自己生活不如意，人际关系紧张。

在心理学上，自卑是指一种自我否定，主要是低估自己的能力，觉得自己各方面不如人，可以说这是一种性格的缺陷。

其主要表现为对自己的能力、学识、品质等自身因素评价过低；心理承受能力脆弱，经不起较强的刺激；谨小慎微，多愁善感，常产生猜疑心理；行为畏缩、瞻前顾后等。

自卑最亲密的朋友就是自暴自弃，而它们两个则是机会最讨厌的一对家伙。人人都有缺陷，此时我们应该做的不是自卑，而是像下面故事中的那个美国人一样。

在美国有个人，相貌极丑，街上行人都要掉头对他多看一眼。他从不修饰，到死都不在乎衣着。窄窄的黑裤子，伞套似的上衣，加上高顶窄边的大礼帽，仿佛要故意衬托出他那瘦长条的个子，他的走路姿势难看，双手晃来荡去。

他是小地方出生的人,尽管后来身居高职,但直到临终,举止仍是老样子,仍然不穿外衣就去开门,不戴手套就去歌剧院,总是讲不得体的笑话,往往在公众场合忽然忧郁起来,不言不语。无论在法院、讲坛、国会、农庄,甚至于他自己家里,他处处都显得格格不入。

他不但出身贫贱,而且身世蒙羞,母亲是私生子,他一生都对这些缺点非常遗憾。

没人出身比他更低,但也没有人比他的职位升得更高。

他后来成为闻名世界的人物,担任美国总统,这个人就是林肯。

其实,林肯并不是用每一个长处抵每一个短处以求补偿,而是凭伟大的睿智与情操,使自己凌驾于自己的一切短处之上,置身于更高的境界。他只在一个方面,就是通过教育,来补偿自己的不足。他用拼命自修的方法来克服早期的障碍。他在烛光、灯光和火光前读书,读得眼球在眼眶里越陷越深,眼看知识无涯而自己所知有限,总是感觉沮丧。他填写国会议员履历,在教育一项下填的竟然是"有缺点。"

可见,林肯的一生不是沉浸在自卑中,而是对一切他所缺乏方面的全面补偿。他不求名利地位,不求婚姻美满,集中全力以求达到自己心中更高的目标,他渴望把他的独特思想与崇高人格里的一切优点奉献出来,从而造福人类。

我们应该学会主动把目光投向巨大的空白,而不是再对着缺点叹息。

人性密码

别让自卑占据你的心灵

在滚滚红尘中,生命有如沧海一粟,不要让自卑占据你的整个心灵。

阿尔弗雷德·阿德勒 1870 年出生于奥地利维也纳近郊的一个富裕的粮食商家庭,但是在阿德勒的记忆中,家境的富裕似乎并没有给他的童年带来多少快乐的感觉。他在弟兄中排行第二,从小驼背,行动不便,这使他在蹦跳活跃的哥哥面前总感到自惭形秽,老觉得自己又小又丑,样样不如别人。

5 岁那年,一场大病几乎使他丢掉小命,痊愈以后,他便决心要当一名医生,在后来的回忆中,他曾说自己的生活目标就是要克服儿童时期对死亡的恐惧。进学校读书以后,开始他的成绩很差,以至老师觉得他明显不具备从事其他工作的能力,因而向他的父母建议及早训练他做个鞋匠才是明智之举。

1895 年阿德勒于维也纳大学获得医学学位。在从事了一段眼科、内科工作之后,他成了一名精神病学医生。1902 年,他被弗洛伊德邀请加入了维也纳精神分析协会,成为弗洛伊德最早的同事之一。1907 年,阿德勒发表了一篇论述由身体缺陷引起的自卑感及其补偿的论文并获得了很大的声誉。1911 年,阿德勒率领他的几个追随者退出了维也纳精神分析协会,另组了"自由精神分析研究会"。鉴于"精神分析"一词已为弗洛伊德用了,不久他又把组织名字改为"个体心理学学会"。

1935 年,阿德勒定居美国,在长岛医学院任医科心理学教授。他的观点通过这个学会在纽约、芝加哥、洛杉矶等地广为传播，并办有杂志《美国个体心理学》。

阿德勒的理论有其完备的体系，但其中最著名的概念之一就是"自卑情结"。阿德勒从自己的成长经历中总结出这个概念，并且提出了与之相关的理论。他认为，自卑感起因于一个人感觉生活中任何方面都不完善、有缺陷。这会使人心情沮丧，但同时自卑感也能促使人努力克服缺陷。阿德勒把这种努力叫做补偿。举例来说，一个虚弱的孩子经常勤奋地锻炼身体，使自己变成一个肌肉发达的强壮的人，这就是他在补偿自己生理上的缺陷。阿德勒还认为，人们都会为力求自身完美而不断努力，他把这个称作追求优越，而补偿也是追求优越的别称。

这个从小矮小丑陋有着缺陷的孩子，在自己的不断努力下，战胜了自卑，追求着优越，一点点成长为心理学史上的巨人。

其实自卑在我们的现实生活中是广泛存在的，自卑的产生并不一定是坏事，它可能激发我们身上某些隐藏的潜能，关键在于我们如何看待自卑。任何事物都有两面性，只要我们的看法发生改变，自卑对于我们的作用也就会相应改变。

农夫家养了3只小白羊和一只小黑羊。3只小白羊因为有雪白的皮毛而骄傲，而对那只小黑羊不屑一顾："你自己看看身上像什么，黑不溜秋的，像锅底。""依我看呀，像炭灰。""像盖了几代的旧被褥，脏死了。"

不但小白羊，连农夫也瞧不起小黑羊，常常给它吃最差的草料，时不时还对它抽上几鞭。小黑羊过着寄人篱下的日子，也觉得自己比不上那3只小白羊，常常伤心地独自流泪。

初春的一天，小白羊和小黑羊一起外出吃草，走得很远。不料寒流突然袭来，下起了鹅毛大雪，它们躲在灌木丛中相互依偎着……不一会儿，灌木丛和周围全铺满了雪，雪天雪地雪世界。它们打算回家，但雪太厚了，无法行走，只好挤做一团，等待农夫来救它们。

农夫发现4只羊羔不在羊圈里，便立刻上山找，但四处一片雪白，哪里有羊羔的影子。正在这时，农夫突然发现远处有一个小黑点，便快步跑去。到那里一看，果然是他那濒临死亡的4只羊羔。

农夫抱起小黑羊，感慨地说："多亏小黑羊，不然，羊儿可能要冻死在雪地里了！"

在滚滚红尘中，生命有如沧海一粟，不要让自卑占据你的整个心灵。插花很美丽，但没有花的那部分空间也属于插花的一部分。拒绝自卑吧，并时常提醒自己"天生我材必有用"，生活不会也不可能将你遗忘。

战胜自卑，超越自己

当我们觉得自己不如别人时，只要努力，只要奋进，就会以想不到的速度超越别人。

小琳曾经和几个孩子比写字，拿去让一个邻居老太太评，很自信的小琳没想到老奶奶说她的字写得最难看，她当时就哭了。从此，小琳开始怕写字，越怕越写不好，老师也在班上批评她的字，小琳的自尊防线彻底崩溃，在自愧不如的惶恐中，她的学习成绩也开始下降。在小琳弱小的心灵中，老太太代表了权威，她不知道老太太的眼光并不准确，她在过了很久之后才找回了自信。夺去一个孩子的自信心就这么简单，而让一个孩子产生自卑感也是一样容易。

马加爵从一个全村都骄傲的大学生最终成为杀人犯，他自卑，他过分敏感，他感觉所有的人都和他过不去，自卑让他无地自容，他疯狂地举起了凶器，并对准了无辜的同学。太阳的背后其实也隐藏着阴影。自卑的正面是自强,而自卑的负面则是懦弱,是逃避,是嫉妒,甚至是仇恨。

人的心灵都是脆弱的,曾经我们都有过自卑。自卑感是一种普遍的心理现象,没有自卑感的人几乎是不存在的。不同的是,有的人仅在人生的某一阶段产生自卑感,而有的人的自卑感将贯串一生。

当我们觉得自己不如别人时,只要努力,只要奋进,就会以想不到的速度超越别人。

20年前,一个男孩从一个仅有20多万人口的北方偏远小城考进了北京的一所知名大学。上学第一天,与男孩邻桌的一位女同学第一句话就问他:"你家是哪儿的?"而这个问题却是男孩最为忌讳和敏感的,因为在他的潜意识里,出生于小城,就意味着小家子气、没见过世面,肯定会被那些来自大城市的同学瞧不起。就因为这个女同学的问话,使男孩整整一个学期都不敢和同班的女同学说话,以至于当第一个学期结束的时候,很多同班的女同学还叫不出他的名字!很长一段时间,自卑的阴影笼罩着男孩的心灵。每次集体照相,他都要下意识地戴上一副大墨镜,以掩饰自己内心的脆弱。

20年前,有个女孩也在北京的一所大学里上学。大部分的日子里,女孩都是在焦虑和自卑中度过的。她疑心同学们会在暗地里嘲笑自己那肥胖的样子太难看。女孩不敢穿裙子,不敢上体育课。大学结束的时候,她差点儿毕不了业,并不是因为功课太差,而是因为她不敢参加体育长跑测试!老师说:"只要你跑了,不管多慢都算你及格。"可女孩就是不跑。女孩想跟老师解释,她不是在抗拒,而是因为恐惧,恐惧自己肥胖的身体跑起步来一定会遭到同学们的嘲笑。可是,女孩连给老师解释的勇气也没有,茫然不知所措,只能傻乎乎地跟着老师走。老师回家做饭去了,女孩也跟着。老师只好勉强算她及格,这才把她打发走了。

人性密码

在一个电视名人访谈节目上，女孩对男孩说："要是那时候我们是同学，可能是永远不会说话的两个人。你会认为，人家是北京城里的姑娘，怎么会瞧得起我呢？而我则会想，人家长得那么帅，怎么会瞧得上我呢？"男孩，现在是中央电视台著名节目主持人，经常对着全国几亿电视观众侃侃而谈，他主持节目时的从容和自信使人印象深刻。他的名字叫白岩松。女孩，现在也是中央电视台著名节目主持人，而且是第一个完全依靠才气而丝毫没有凭借外貌走上中央电视台主持人岗位的。她的名字叫张越。

自卑其实是可以摆脱的，只要我们愿意，我们就能走出自卑的陷阱，就能找回自信，明天就一定属于我们自己。

少一点自贬，多一点自尊

自卑虽然只是一种情绪，但它却具有极大的破坏力，一旦染上它并主动放弃努力，它就会像指挥木偶一样操纵着我们，使我们生活在痛苦中。一切盲目的挣扎与哀鸣都不会将它驱除也不会使它感动，它将一步步蚕食我们的健康。

现代医学证明，70%的病人只要消除不良情绪的影响，疾病就会不治而愈。难怪柏拉图曾经说："他们所犯的最大错误是，他们想治疗身体，却不想医治思想。可精神与肉体是一致的，不能分开处置。"事实上，我们的健康更多地由我们的精神和思想决定。

自卑感是阻碍成功的无形的敌人，它使人丧失信心、自我意识过强、不安和恐惧。自卑的心理是促使一个人在人生道路上常走下坡路并加速自身衰老的催化剂，因此，我们应该摒弃自卑心理。要做到这一点不妨从以下几个方面入手：

正视自卑。要充分了解自卑来源于何处，问问自己，如果这些因素立即消失，自己会不会感到幸福，这样做，有利于消除一些隐藏的模糊的概念。比如有位女孩认为自己脸上有疤痕，工作一直不积极，情绪低落，但当疤痕去除后，她仍然惶惑不安，无法面对接着而来如谈恋爱、需努力工作的事实。所以，她真正的自卑是躲藏在伤痕后面，是对自己能力的不自信。对付自卑，正如对付敌人，不能知己知彼，也就不能战胜它。

关注他人。容易陷入自卑心理状态中的人，主要是缺乏集体情感。集体或群体的荣辱得失引不起他们的任何情绪变动，只有个人的成功失败才是他们关注的焦点。而现实是不尽如人意的，总有某些方面你是不如别人的，如果总是过分关注自我，期待自己事事都比别人强，那你总会发现自己的不足，从而会感到自卑。但当你将目光多投射到别人身上时，你会变得理智、客观、忘我，为集体的成功而欢笑，为他人的幸福而欣慰，那你的快乐就会成倍增加，你的自信会增强，因为当你具备集体情感时，你会发现集体、他人的成功里也有你的努力。

增强自信。凡事都应有必胜的信心，对自己的充分自信是消除自卑的最好方法，因为自信会使你获得更多的成功。但在自信心的基础上，要有符合自己实际情况的"抱负水平"。过低不利激发斗志，过高易遭受挫折。自卑者应打破过去那种"因为我不行——所以我不去做——反正我不行"的消极思维方式，建立起"因为我不行——所以我要努力——最终我一定会行"的积极思维方式。要正确而理性地认识自己，以坚强的勇气和毅力面对困难，以自信来清扫自卑的瓦砾。

扬长避短。"金无足赤，人无完人""寸有所长，尺有所短"，每个人都有自己的优点和弱势，要全面正确地评价自己，既不对自己的长处沾沾自喜，也不要盯住自己的短处而顾影自怜。要善于发现和挖掘自己的优势，以弥补自己的不足。

少一点自贬，多一点自尊。如果你真想摆脱自卑心理，不妨用以勤补拙、扬长避短、读一些名人传记、停止对自己的贬低等办法，使自己获得真正快乐的生活。

人人都有的弱点

每个人或轻或重地都有嫉妒心理，只不过是有些人易表露，有些人善于掩饰而已。

佛经上有一则故事：

在远古时代，摩伽陀国有一位国王饲养了一群象。象群中，有一头象长得很特殊，全身白皙，毛柔细光滑。后来，国王将这头象交给一位驯象师照顾。这位驯象师不只照顾它的生活起居，也很用心教它。这头白象十分聪明、善解人意，过了一段时间之后，他们已建立了良好的默契关系。

有一年，这个国家举行一个大庆典。国王打算骑白象去观礼，于是驯象师将白象清洗、装扮了一番，在它的背上披上一条白毯子后，才交给国王。

国王就在一些官员的陪同下，骑着白象进城看庆典。由于这头白象实在太漂亮了，民众都围拢过来，一边赞叹，一边高喊着："象王！象王！"这时，骑在象背上的国王，觉得所有的光彩都被这头白象抢走了，心里十分生气、嫉妒。

他很快地绕了一圈后，就不悦地返回王宫。一入王宫，他问驯象师："这头白象,有没有什么特殊的技艺？"驯象师问国王："不知道国王您指的是哪方面？"国王说："它能不能在悬崖边展现它的技艺呢?"驯象师说:"应该可以。"国王就说:"好。那明天就让它在波罗奈国和摩伽陀国相邻的悬崖上表演。"

隔天,驯象师依约把白象带到那处悬崖。国王问:"这头白象能以3只脚站立在悬崖边吗?"驯象师说:"这简单。"他骑上象背,对白象说:"来,用3只脚站立。"果然,白象立刻就缩起一只脚。

国王又问:"它能两脚悬空,只用两脚站立吗?""可以。"驯象师就叫它缩起两脚,白象很听话地照做。国王接着又说:"它能不能3脚悬空,只用一脚站立?"

驯象师一听,明白国王存心要置白象于死地,就对白象说:"你这次要小心一点,缩起3只脚,用一只脚站立。"白象也很谨慎地照做。围观的民众看了,热烈地为白象鼓掌、喝彩。

国王愈看心里愈不平衡,就对驯象师说:"它能把后脚也缩起,全身悬空吗?"

这时,驯象师悄悄地对白象说:"国王存心要你的命,我们在这里会很危险。你就腾空飞到对面的悬崖吧。"不可思议的是这头白象竟然真的把后脚悬空飞起来,载着驯象师飞越悬崖,进入波罗奈国。

波罗奈国的人民看到白象飞来,全城都欢呼了起来。国王很高兴地问驯象师:"你从哪儿来?为何会骑着白象来到我的国家?"驯象师便将经过一一告诉国王。国王听完之后,叹道:"人为何要与一头象计较、嫉妒呢?"

是嫉妒让国王失去了人见人爱的白象和优秀的驯象师。

每个人或轻或重地都有嫉妒心理,只不过是有些人易表露,有些人善于掩饰而已。有嫉妒心理并非坏事,如果把此问题处理好了,则是一种催人积极奋进的原动力。如果处理不好,妒火中烧,就会引发不正当竞争,惹出许多是非来。

心理学家的观察也证明,嫉妒心强烈的人易患心脏病,而且死亡率也高;而嫉妒心较少的人群,则心脏病的发病率和死亡率均明显的低，只有前者的 1/3~1/2。

此外，如头痛、胃病、高血压等，亦易发生于嫉妒心强的人，并且药物的治疗效果也较差。

嫉妒是人生的毒药，往往在我们心中留下或大或小的"肿瘤"。我们应该尝试去丢弃它、置它于脑后，至少我们可以做到缩小它投射在我们心中的阴影。

羡慕与嫉妒

一般说来，心理健康水平高的人，心胸开朗，对先进者由羡慕心情上升为追赶行为；而心理健康水平低的人，心胸狭窄，对先进者由羡慕而转为嫉妒。

羡慕和嫉妒是两种容易转化的情绪。

羡慕首先在自己和他人之间做比较，比较结果使自己发现，至少在某一方面不如他人，而且这不是立即能改变的。弗朗塞斯克·阿尔贝洛尼论述过羡慕者无能为力的痛苦。一旦自己的不足之处被发现，各种念头和情绪会发展为悲伤、愤怒、好强（竞争意识）。

我们发现，不足点越是对自己显得重要，羡慕的反应程度越高。

而且只在他人优越性被我们视为有价值时，我们才被羡慕情绪困扰。如果说在中学时，发现自己有些天赋并且对数学充满激情，那这个人就不太可能对文学有天赋的同学产生羡慕。

而嫉妒指的是对别人在某些方面，例如品德、才华、成就、名声、相貌等超过自己而产生一种不甘心、怨恨的心理反应。嫉妒是以错误的认识为基础，引起强烈的情绪反应与不正当的行为。

嫉妒心的有无和轻重是衡量一个人心理健康水平的标志。一般说来，心理健康水平高的人，心胸开朗，对先进者由羡慕心情上升为追赶行为；而心理健康水平低的人，心胸狭窄，对先进者由羡慕而转为嫉妒。

一个企业的主管讲述了这样一个真实的故事：

约在十几年前，我母亲养着几只猫。当然，这些猫很受宠爱，每天过着幸福优越的生活。

后来有人送给我母亲几盆月季花，母亲每日施肥、浇水，勤加管理，还从书店买来各种有关养花的书籍，一边阅读，一边实践。很快，花儿不负有心人，竟开出几朵美丽的鲜花来！母亲很高兴，就邀请好友到家里赏花。当客人们坐定，母亲便将一盆她认为最好的鲜花放在一个摆在中间的凳子上，指着花对客人们介绍。

就在此时，发生了一件令在场的全体同仁惊讶不已的事。一只平时最受宠爱的猫，冲到花盆前，用锋利的前爪猛打花头。事情发生得很突然，大家还没来得及制止猫的攻击行为，那花已经被打掉了许多花瓣。

大家都被眼前发生的事惊呆了，还没有反应过来。那猫突然停止进攻，就坐在那已经被打坏了的花盆前，看看大家，又看看那盆花。

此时，我母亲明白了其中原因。原来家中每次来客人，母亲都是对着客人指着猫夸耀，而此次竟然没有夸猫，而是夸那盆花。此种举动可能伤害了猫的自尊心，引起了它的强烈妒忌，因此就发生了上面的那一幕。

以后每次再请人到家里赏花，母亲就先把猫抱在怀里，先对大家夸几句猫，然后再说花。如此这般，以后竟再没有发生

人性密码

过猫攻击花的事件。

其实我们每个人的内心，都会有想做别人的想法。毕竟，我们不是完人，不是神仙，在生活中都会有种种的不完美，这样就会促使我们对自认为那些生活得美好的人产生羡慕的情绪，并生成渴望作为他人的梦想。适度地羡慕是可以理解的，但过度地羡慕往往就会变成嫉妒，这就需要格外注意了。

不要被嫉妒玩弄

莎士比亚说："您要留心嫉妒啊，那是一个绿眼的妖魔！谁做了它的牺牲品，就要受它的玩弄。"

有人说"嫉妒者无不以害人开始，以害己而告终"。

嫉妒的危害，我国的传统医学早就有过论述，《黄帝内经·素问》明确指出："嫉火中烧，可令人神不守舍，精力耗损，神气涣失，肾气闭寒，郁滞凝结，外邪入侵，精血不足，肾衰阳失，疾病滋生。"

的确如此。嫉妒孙膑的庞涓在马陵之战中计身亡，贻笑天下；《三国演义》中的周瑜，因为嫉妒神机妙算的诸葛亮而被活生生地气死；《水浒传》中的白衣秀才王伦容不得一个比自己高明的人才，也死于林冲的刀下。

唐军是山东师范大学学生，他的成绩一向优秀，是学习上的佼佼者。正当他飘飘然的时候，别人已经悄悄地赶上他了。这时，他理应急起直追，可惜他并不觉醒，反而产生了一种越来越强的嫉妒心，容不得别人超过自己。唐军的脑子里萌发了一种邪念，决定去"报复"他人，不让他人有好成绩。开始，他只是偷拿别人的书籍,当别人苦苦寻找时,他却在一旁幸灾乐祸。后来,他的脑子越来越胡思乱想,竟破坏别人正常学习,纵火焚烧别人的衣物,最终还是被人发现,毁了前途。

一位名人说过:"嫉妒是心灵上的肿瘤。"心灵上的肿瘤"扩散"到身体,七病八疾的就不请自到了。研究结果表明,嫉妒能造成人体内分泌紊乱,消化腺活动下降,肠胃功能失调,经常腰酸背痛和胃痛腹胀,夜间失眠,血压升高,脾气暴躁古怪,性格多疑,情绪低沉,久而久之,高血压、冠心病、神经衰弱、抑郁、胃及十二指肠溃疡等身心疾病就和嫉妒者如影相随了。现代身心医学研究还揭示,脑和人体免疫系统有密切联系,嫉妒可使大脑皮层功能紊乱,引起人体免疫系统的胸腺、脾、淋巴结和骨髓的功能下降,造成人体内免疫细胞和免疫球蛋白生成减少,使机体抗感染的抵抗力下降。由此可见,嫉妒不仅使精神受到折磨,对身体也是一种摧残。

在现实社会生活中,在对人才的评价和使用的过程中,也时常受到嫉妒心理的干扰,使得有些人才得不到及时地、合理地使用。

总之,嫉妒是一种负面情绪,是指自己的才能、名誉、地位或境遇被他人超越,或彼此距离缩短时所产生的一种由羞愧、愤怒、怨恨等组成的多年情绪体验。它有明显的敌意甚至会产生攻击诋毁行为,不但危害他人,给人际关系造成极大的障碍,最终还会摧毁自身。

莎士比亚说:"您要留心嫉妒啊,那是一个绿眼的妖魔!谁做了它的牺牲品。就要受它的玩弄。"当嫉妒从心里冒出时,别忘了这句忠告。

以微笑置之

面对嫉妒者的中伤,常人最容易做出的也是最下策的反应就是反唇相讥。这样,你会因为别人的无聊,自己也变得无聊。

相传,刘伯玉妻断氏有嫉妒心,当她听到刘伯玉称赞曹植在《洛神赋》中所写洛神的美丽,气愤地说:"君何得以洛神美而欲轻我?我死,何愁不为水神?"后果真投水自杀。于是后人将她投水的地方称为"妒妇津",相传凡女子渡此津时均不敢盛妆,否则就会风波大作。

人生在世,一定要有一颗平静和睦的心,切不可心怀嫉妒。俗话说:"己欲立而立人,己欲达而达人。"别人有所成就,我们不要心存嫉妒,应该平静地看待别人所取得的成功,这是拥有幸福人生的秘诀。

我们每个人都尝过嫉妒的滋味。当嫉妒只是偶尔出现时,它并不危险;可当它经常成为具有刺激作用的行为动机时,就变得非常危险了。

俄罗斯科学院社会学研究所的副博士穆兹德巴耶夫是尝试研究嫉妒心理的人之一。他研究了社会中哪些人群经常被人嫉妒,嫉妒心强的都是什么人,他们是如何看待自己的。7个社会群体的1400人接受了问卷调查,包括工人、国家经济部门和私有经济部门的职员、机关领导、大学生、失业者和退休人员。被问的问题是:你是否对同龄人的成就或邻居中大奖感到嫉妒?

调查结果显示,嫉妒心最强的是大学生。他们刚刚开始寻找自己的人生位置,尚未取得成功,他人的成功令他们懊丧,感到自身价值不足。他人的一帆风顺与成就对失业、退休人员和工人的刺激稍逊，但仍很明显，他们的嫉妒心来自物质上的困苦和在社会上遭到的冷遇。最成功、最有社会保障、因而很少嫉妒的人是公务员。嫉妒心有3个高峰年龄段。18岁~24岁的年轻人嫉妒已取得成功的人士。另外两个年龄段分别是30岁~34岁事业辉煌期和55岁~59岁事业尾声期，这两个时期的人容易将自己与竞争对手的成就做比较。研究也表明嫉妒心基本上不取决于性别。

嫉妒心强的人多半是不成功的人，他们往往不能适应经济改革时期的生活。此外，他们把周围人想得很糟，认为别人都怀有敌意、厚颜无耻、自私自利、报复心强，对他人百般挑剔。他们喜欢造谣中伤，散布流言。在他们看来，逃税、坐公交车不买票、行贿受贿这些行为是完全合理的，交际中的攻击举动（如斗殴、报复），体罚孩子，以及性行为不慎重等都是可以接受的。

学者还调查了嫉妒产生的原因。超过1/3的人认为，这是人的天性使然，18%的人归咎于教育，22%的人认为是沉重的生活负担使然，只有一小部分人认为，这与教育和整体文化水平有关。总之，在多数人的观念中，嫉妒是由一些不以我们的意志为转移的情况引起的。

面对嫉妒者的中伤，常人最容易做出的也是最下策的反应就是反唇相讥。这样，你会因为别人的无聊，自己也变得无聊。甚至有可能陷入一场旷日持久，使心智疲惫又毫无意义的纠葛中。拜伦说过："爱我的我报以叹息，恨我的我置之一笑。"他的这"一笑"，真是洒脱极了。对嫉妒者的中伤，最妙的回答是——让心灵安详地微笑。

嫉妒是一种卑下的情感，嫉妒会使人失去理智，甚至造成不可估量的损失。而对于嫉妒者的中伤，最妙的回击是置之一笑。

人性密码

嫉妒是最大的敌人

> 真正的宽容，应该是能容人之短，又能容人之长。

19世纪初，肖邦从波兰流亡到巴黎。当时匈牙利钢琴家李斯特已蜚声乐坛，而肖邦还是一个默默无闻的小人物。但李斯特对肖邦的才华却深为赞赏。怎样才能使肖邦在观众面前赢得声誉呢？李斯特想了个妙法：那时候在钢琴演奏时，往往要把剧场的灯熄灭，一片黑暗，以便使观众能够聚精会神地听演奏。李斯特坐在钢琴面前，当灯一灭，就悄悄地让肖邦过来代替自己演奏。观众被美妙的演奏征服了。演奏完毕，灯亮了。人们既为出现了这位钢琴演奏的新星而高兴，又对李斯特推荐新秀深表钦佩。

在日常生活中，当没有缘分的"对手"出于内心的丑恶，在你背后说坏话做错事时，此时你想伺机报复，还是宽容？当你亲密无间的朋友，无意或有意做了令你伤心的事情，此时你想从此分手，还是宽容？冷静地想想，还是宽容为上。这样于人于己都有好处。

心理学家指出，适度的宽容，对于改善人际关系和身心健康都是有益的。它可以有效防止事态扩大而加剧矛盾，避免产生严重后果。大量事实证明，不会宽容别人，亦会殃及自身。过于苛求别人或苛求自己的人，必定处于紧张的心理状态之中。由于内心的矛盾冲突或情绪危机难于解脱，极易导致机体内分泌功能失调，造成血压升高，心跳加快，消化液分泌减少，胃肠功能紊乱等等，并可伴有头昏脑涨、失眠多梦、乏力倦怠、

第二章 打破枷锁：不要让自卑和嫉妒锁住你的命运

食欲不振、心烦意乱等症候。紧张心理的刺激会影响内分泌功能，而内分泌功能的改变又会反过来增加人的紧张心理，形成恶性循环，贻害身心健康。有的过激者甚至失去理智而酿成祸端，造成严重后果。而一旦宽恕别人之后，心理上便会经过一次巨大的转变和净化过程，使人际关系出现新的转机，诸多忧虑烦闷可得以避免或消除。

三国时，诸葛亮初出茅庐，刘备称之为"如鱼得水"，而关张兄弟却不以为然。在曹兵突然来犯时，兄弟俩便"鱼"呀"水"呀地对诸葛亮冷嘲热讽，诸葛亮胸怀全局，毫不在意，仍然重用他们。结果新野一战大获全胜，使关张兄弟佩服得五体投地。如果诸葛亮当初跟他们一般见识，争论纠缠，势必造成将帅不和，人心分离，哪能有新野一战和以后更多的胜利呢？

唐朝谏议大夫魏徵，常常犯颜苦谏，屡逆龙鳞，可唐太宗以宽容为怀，把魏徵看作是照见自己得失的"镜子"，终于开创了史称"贞观之治"的太平盛世。

如果一语龃龉，便遭打击；一事唐突，便种下祸根；一个坏印象，便一辈子倒霉，这就说不上宽容，就会被百姓称为"母鸡胸怀"。真正的宽容，应该是能容人之短，又能容人之长。对才能超过者，不存嫉妒，唯求"青出于蓝而胜于蓝"，热心举贤，甘做人梯，这种精神将为世人称道。

宽容的过程也是"互补"的过程。别人有此过失，若能予以正视，并以适当的方法给予批评和帮助，便可避免大错。自己有了过失，亦不必灰心丧气，一蹶不振，同样也应该吸取教训，引以为戒，取人之长，补己之短，重新扬起工作和生活的风帆。

人性密码

向嫉妒说再见

英国哲学家培根曾说:"嫉妒这恶魔总是在暗暗地、悄悄地毁掉人间的好东西。"

克服嫉妒心理,首先必须正确认识自己,既看到自己的短处,也看到自己的长处,就不会有处处不如人的想法。当看到自己的不足时,不怨天尤人,自暴自弃,而应加倍努力,奋起直追。尤其要克服乱攀比的心态,要善于学习,勇于超越,久而久之,嫉妒心理就会消失。

当今社会是个竞争日益激烈的社会,人际关系愈来愈复杂、微妙。可以说只要是身心健康的人或轻或重地都有嫉妒心理,只不过是有些人易表露,有些人善于掩饰而已。

如果你想成就一番事业,千万要警惕,切莫被列入嫉妒者的行列。那么,应该怎样克服嫉妒心理呢?

正视嫉妒。嫉妒心的产生往往是由于误解所引起的,即人家取得了成就,便误以为是对自己的否定,对自己是威胁,损害了自己的"面子"。其实,这只不过是一种主观臆想。一个人的成功不仅要靠自己的努力,更要靠别人的帮助,荣誉既是他的也是大家的,人们给予他赞美、荣誉,并没有损害自己。如果自己的态度是端正的,却依然是遭嫉妒,在这种情况下,最要紧的是不怕。嫉妒这东西,也是欺软怕硬,你越怕,越是忧心忡忡地不敢前进,它便越凶。因为怕不但不会感动嫉妒者,反而会给人家提供把柄。当你对嫉妒者置之不理,挺胸阔步走上去时,嫉妒者的气焰反而会熄灭。鲁迅曾讲:对待嫉妒者,最高的轻蔑是无言,而且连眼珠也不转过去。

开阔心胸。一个心胸宽广的人,是不会嫉妒别人的。要使自己有一个比较开阔的心胸,必须不断加强自身修养,使自己从经常产生嫉妒的心理中解脱出来。要多向身边那些性情开朗、心胸开阔的人学习,要不断地在心里告诫自己,不能学小心眼。同时要在生活实际中不断对自己的心胸做测验。有一个人自知他经常出现嫉妒心理,便向一个性情开朗的朋友多次求教有什么方法可以克服嫉妒,那个朋友说,办法十分简单,只要你不去计较,便立即见效。这个人一想,的确是那么回事,后来,他凡是碰上对别人心生不满的时候,便想朋友的话,便觉得自己不会嫉妒别人了。

见贤思齐。当别人幸运的时候,或在地位上超越了自己的时候,你可能会意识到自己的不幸,为自己达不到而怨恨别人,感到愤愤不平,甚至放野火。在这种情况下,应严格要求自己,勇敢地正视自己的缺点,把别人的成绩作为鞭策自己前进的动力,变见强思嫉为见强思齐。从某种意义上讲,嫉妒是推动竞争的一种原动力。当看到他人在能力、成绩或其他方面处于优势地位的时候,应下定决心赶超,采取奋起直追的态度。

有两个年轻人,大学毕业的时候,都是学校的高材生,但到了工作岗位,其中一个在很短的时间内便做出了比较显著的成绩,另一个便在心里生出一种说不上来的味道,于是在别人赞扬老同学的时候,有意无意地说一些对方这也不行、那也不好的话。有一回,他在说老同学不是的时候,一个长者严肃地对他说:"年轻人,要努力赶上人家才对,怎么能嫉妒人家呢?你和他一样,都是年轻人,他能做到的,你为什么不能超过他呢?"长者的话,如醍醐灌顶。于是,年轻人发奋了,他从心里鼓足了劲,决心要赶上并超过他的老同学。经过一段努力,他也在工作中取得了很大的成绩。

正确比较。一般而言,嫉妒心理较多地产生于周围熟悉的年龄相仿、生活背景大致相同的人群中。因此，只有采取正确的比较方法，将人之长比己之短，而不是以己之长比人之短。比的方法对了，烦恼情绪就会少了。嫉妒的起因就是看不惯别人比自己强。如果能集中精力，不断地学习、探索，使自己的知识、技能、身心素质不断得到提高，就可以减少嫉妒的诱因。将自己的闲暇时间填满了，自然也就减少了"无事生非"的机会，这是克服嫉妒心理最根本的方法之一。

　　心理学认为，嫉妒是一种不服、不悦、自惭与怨恨交织的复合情绪，它埋在心里折磨自身，表现出来贻害他人。除了注意自身修养外，还应学会自控情绪。可多读一些情操高尚的书籍，多听格调清新的音乐，培养开阔的胸怀。遇事严于律己，宽以待人，自重自爱，与人为善。这样，就可抵御嫉妒的入侵。

第三章
镣铐之舞：
学会慢慢欣赏沿途的风景

人生在世，本来就会面临各种各样的压力和挫折，当你学会调整自己，让压力一点一滴而来时，你会发现，压力反而是一种动力，只要你按部就班，它就会不断推动着你努力前进。所以，我们不应该一有压力和挫折便怨天尤人，跟自己过不去。有的时候，我们不妨放慢自己的脚步，一边前进一边欣赏沿途的风景。

人性密码

别让压力成为心灵枷锁

人有压力不可怕,可怕的是憋在心里,变成心灵的枷锁,这样,人就会失去理智的判断能力,失去激发潜能的自由。

第二次世界大战时期,米诺肩负着沉重的任务,每天花很长的时间在收发室里,努力整理在战争中死伤和失踪者的最新纪录。

源源不绝的情报接踵而来,收发室的人员必须分秒必争地处理,一丁点的小错误都可能会造成难以弥补的后果。米诺的心始终悬在半空中,小心翼翼地避免出任何差错。

在压力和疲劳的袭击之下,米诺患了结肠痉挛症。身体上的病痛使他忧心忡忡,他担心自己从此一蹶不振,又担心是否能撑到战争结束,活着回去见他的家人。

在身体和心理的双重煎熬下,米诺整个人瘦了34磅。他想自己就要垮了,几乎已经不奢望会有痊愈的一天。

身心交相煎熬,米诺终于体力不支倒在地上,住进医院。

军医了解他的状况后,语重心长地对他说:"米诺,你身体上的疾病没什么大不了,真正的问题是出在你的心里。我希望你把自己的生命想象成一个沙漏,在沙漏的上半部,有成千上万的沙子,它们在流过中间那条细缝时,都是平均而且缓慢的,除了弄坏它,你跟我都没办法让很多沙粒同时通过那条窄缝。人也是一样,每一个人都像是一个沙漏,每天都是一大堆的工作等着去做,但是我们必须一次一件慢慢来,否则我们的精神绝对承受不了。"

医生的忠告给米诺很大的启发，从那天起，他就一直奉行着这种"沙漏哲学"，即使问题如成千上万的沙子般涌到面前，米诺也能沉着应对，不再杞人忧天。

他反复告诫自己说："一次只流过一粒沙子，一次只做一件工作。"

没过多久，米诺的身体便恢复正常了，从此，他也学会如何从容不迫地面对自己的工作了。

人没有一万只手，不能把所有的事情一次解决，那么又何必一次为那么多事情而烦恼呢？

现代人大都背负着沉重的生活压力，时常担心这个，担心那个，忧虑总是永无止境。

面对这么多的压力，你该试一试所谓的"沙漏哲学"，既然你所忧虑的事不是一时半刻就能改变的，你就要用另一种心情去面对。

人有压力不可怕，可怕的是憋在心里，变成心灵的枷锁，这样，人就会失去理智的判断能力，失去激发潜能的自由。西方有句谚语："最后一棵草会压垮骆驼背。"同样的道理，工作生活中的烦心琐事，也会给人造成心理和精神上的压力，直接影响人的健康和生命。

有个50刚刚出头的教师去年体检时，发现肝上有点问题，从此心情沉重，精神不振，不到半年竟形容枯槁。第二年过了春节，他就猝然离世。医生说他的生命不是因为肝病而结束，而是被心理压力夺去的。

不能及时改变的事，你再怎么担心忧虑也只是空想而已，事情并不能马上解决；你应该试着一件一件慢慢来，全心全意把眼前的这件事做好。

人生在世，本来就会面临各种各样的压力，当你学会调整自己，让压力一点一滴而来时，你会发现，压力反而是一种动力，只要你按部就班，它就会不断推动着你努力前进。

人性密码

压力的孪生兄弟

　　适度的压力，能激发人们的工作热情，收到比一般情况下还要好的功效。

　　高压力和快节奏的商业社会，造成情绪和压力的负面作用是巨大的。
　　麦当劳总裁杰姆斯·坎塔卢波心脏病突发逝世，这一天，离他60岁的生日恰好还有100天；
　　爱立信中国区总裁杨迈猝死在跑步机上，和坎塔卢波的辞世仅隔9天；
　　韩国现代集团所属峨山公司董事长郑梦宪跳楼自杀；
　　上海大众老总方宏患上精神抑郁症于1993年3月9日跳楼；
　　贵州习酒老总陈星国，在习酒厂被茅台酒厂兼并前夕举枪自杀；
　　年仅29岁的茂名永丰面粉厂老板冯永明在家中用水果刀割腕自杀，遗书中写下："现实太残酷，竞争和追逐永远没有尽头，我将到另一个世界寻找我的安宁和幸福……"
　　人称"彭大将军"的青岛啤酒老总彭作义在游泳时突发心肌梗死而意外早逝；
　　从国外归来的张女士在一家外企工作，因为有很高的学历和从业的经历，所以进入外企后不久就由一般干部升至经理。按说职位很高，薪水也很丰厚，但是张女士却烦恼不已。原来，做了经理后，她每天要从早上9点工作到夜里11点，并且周六周日也不能休息。渐渐地，张女士开始讨厌上班，但是为了生计，她还得强迫自己去。日子久了,张女士怀念起在国外的时光。那时,她虽然只是普通员工,但是天天能早早下班和家人一起去海边散步,每逢休假还能去旅游……最终,张女士患上了抑郁症。

39岁的何先生近来觉得自己的生活真是不顺心。他在一家私营企业工作,凭着吃苦耐劳、勤奋敬业,升为部门经理。但是,自从升职后,吴先生明显感到在工作时总是精力不够,时间一长就觉得很累,而且注意力也无法集中,为此,还险些出了差错。不久前,老总找他谈话,明确告诉他如果他再不调整好状态,就由比他年轻的小王接替他的职位。此后,何先生几乎把所有的精力都投入到了工作中,但是,个中的失落感和郁闷感唯有自己知道。

我们正处在一个竞争激烈、充满压力的时代。学生有课业升学的压力;工人有下岗再就业的压力;公务员有优胜劣汰的压力;商家有市场竞争的压力;就连退了休的人也有压力,有孤独的压力,有疾病的压力。人们之所以会产生压力,是由于一个人的某些需要、欲求、愿望遇到障碍和干扰,从而引发出心理和精神的不良反应。压力如同"水可载舟,也可覆舟"一样,既有好的一面,也有坏的一面。如果能把压力变成动力,压力就是蜜糖;如果把压力憋在心里,让它无休止地折磨自己,那就是砒霜。

适度的压力,能激发人们的工作热情,收到比一般情况下还要好的功效。美国曾有一位旅行者在乡间旅行时,突遇泥石流,情急之下,他的奔跑速度居然打破了世界纪录,有他的朋友为他拍摄的录像带为证。一位英国冒险家在旅行途中遭遇地震,被埋在混凝土中,他竟将一块半吨重的混凝土移开。有关专家经过研究认为,在人体内潜藏着一种平常表现不出来的智慧和力量。正常状态下,人的大脑只有10%左右的能力在起作用,而另外90%左右的能力都被储备起来。人们遇到危难之时,被储存的智慧和力量就会集中释放出来拯救生命,瞬间就可完成平时无法完成的大强度的工作。

压力过大,直接威胁着人的身体健康。人的神经系统和免疫系统紧密相连,神经系统一旦受到严重的冲击,首先会造成免疫系统的破坏,会导致疾病产生。例如当一个人心情很不愉快时,抵抗力也往往降低了,感冒、风寒等随之而来。

坦然面对你面临的压力

解决压力要讲究方式方法,要给自己一个健康、美好的心态。

一个人觉得生活很沉重,便去见哲人,寻求解脱之法。

哲人给他一个篓子背在肩上,指着一条沙砾路说:"你每走一步就捡一块石头扔进去,看看有什么感觉。"

过了一会儿,那人走到了头,哲人问有什么感觉。那人感觉到了生活越来越沉重的道理。当我们来到世界上时,我们每个人都背着一个空篓子,然而我们每走一步都要从这世界上捡一样东西放进去,所以才有了越走越累的感觉。

于是那人问:"有什么办法可以减轻这沉重吗?"

哲人问他:"那么你愿意把工作、爱情、家庭、友谊哪一样拿出来呢?"

那人不语。

哲人曾说过:当感到沉重时,也许你应该庆幸自己不是总统,因为他背的篓子比你的大多了,也沉重多了。

人生路坎坷的时日居多,升学、工作、晋级、成家哪一个环节都不可能一帆风顺,大部分时间人在负重而行,领导同事的误会、工作上的摩擦、生活上的不如意都是令人难过的源泉，这时候，人就得有负重而行的心理承受力，否则不够宽容，不够豁达，不会变通，最终会把自己逼入死角。

负重而行当然是一种痛苦，但没有负重而行就不可能体会无重的轻松惬意，没有负重而行，也就无所谓责任，从而也就无所谓克难而进的成就，当然也就不会体验到上了坡后那种如释重负的快感了，没有负重的生命是不完整的生命，没有负过重的人生是不圆满的人生。

每个人都不知道未来怎样，但我们不应该想生活怎样，应该多想想怎样生活。还是维持那颗平常心比较好，平淡的生活同样精彩。在平淡中品味出快乐才是真正的丰富。

人生这么短，何必要让自己在名利之中折腾呢？攀比只会产生烦恼。开奔驰的固然威风潇洒；并肩漫步又另有一番幸福甜蜜。怎么样才是一个完整的家？不是豪华洋房，昂贵花苑，而是两个人共同建筑，共同守护的"城堡"！我们这座城堡，牵着手才能找到，就算没有人看好。"城堡"的大小不在于它的实际面积，而在于两人心里的感觉。感情这个地基打得越牢固，日久了你就会感到它的"宏伟"。

压力是不可避免的，因此我们应该学会缓解压力，以下建议仅供参考：

首先，要知道自己的目标。只要目标明确了，在行动上就不要发生动摇。人是需要精神支柱的，这个支柱是自己给自己树立的。有了这个心理上的强大动力，任何压力带来的疲惫和痛苦都是微不足道的。

其次，要仔细分辨自己的欲望是不是合理。这个世界到底是有道德标准和行为准则的，随意突破规范是要承担后果的。假如你的欲望是不善良的，是会给自己带来痛苦或给别人带来伤害的，就应该果断摒弃，把这种黑色的欲望压力消灭于无形。

第三，解决压力要讲究方式方法，要给自己一个健康、美好的心态。这世界美丽纷繁,充满了阳光和温情。要懂得去欣赏她、接纳她、追求她。一时的痛苦是过眼云烟,长久的快乐是成熟心态应得到的回报。不要迷失方向,不要为情所困,不要妄自菲薄,不要贪得无厌,好好把握自己手里的幸福,每一分钟都会成为你自己的宝藏。

寻找合适的发泄方式

强行压抑自己的情绪,硬要做到"喜怒不形于色",把自己弄得表情呆板,情绪漠然,不是感情的成熟,而是情绪的退化;不是正常人所应当有的,而是一种病态的表现。

有这样一则印度寓言:两个人面对一杯喝了一半的水,一个人说:"我已经喝掉了半杯水。"另一个人说:"我还有半杯水没喝。"前者的话语中,透露出的是无奈和苦涩,而后者的话语中则充满了希望。

人到中年,恰似那已经喝掉了半杯的水。既然剩下的那半杯水迟早要喝干,是满怀愁绪、恋恋不舍地缅怀已喝掉的那半杯水,还是以快乐的心态去计划该如何享受剩下的半杯水,答案就在每个人自己的手中。可是,有不少中年管理人员在面对自己所处的地位和境遇时,常常是以前者的心态来应对的。

不久前,北京市对200多名中年领导干部进行的一项定向精神健康检查结果显示:竟有近一半的人存在精神不健康倾向,其中在外企(私企)工作者比例最高。

此次调查随机选取了包括国家机关处级、外企(私企)部门经理和国企的部门主管以上的干部,他们的年龄都在35岁到

45 岁之间。专业医生对他们的精神状况做了全面检查，发现有 45% 的人存在着精神健康问题，或多或少的有抑郁、焦虑、恐惧、偏执、强迫、应激障碍和适应障碍等。在有精神健康问题的干部中间，以外企（私企）工作者最多，比例超过了一半，其次是国企工作者。相对来说，国家机关干部出现精神健康问题的比较少。在中年领导出现的各类精神健康问题中，抑郁倾向最多，约占 1/3，其次就是焦虑倾向。有些人还同时存在几项精神健康障碍，需要心理咨询和治疗。有关专家认为，中年领导，其工作和家庭的压力普遍比较大，因此，要格外注意身心健康，保持良好的生活方式和心态，否则会出"大问题"。

生活中，大概谁都会产生这样或那样的不良情绪。每一个人在一生中都难免受到各种不良情绪的刺激和伤害。但是，善于控制和调节情绪的人，能够在不良情绪产生时及时消释它，克服它，从而最大限度地减轻不良情绪的影响。有的时候，发泄一下不失为一个很不错的方法。

一天深夜，一个陌生女人打电话来说："我恨透了我的丈夫。"

"你打错电话了。"我告诉她。

她好像没有听见，滔滔不绝地说下去："我一天到晚照顾小孩，他还以为我在享福。有时候我想独自出去散散心，他都不肯；他自己天天晚上出去，说是有应酬，谁会相信！"

"对不起。"我打断她的话，"我不认识你。"

"你当然不认识我。"她说，"我也不认识你，现在我说了出来，舒服多了，谢谢你。"她挂断了电话。

不良情绪产生了该怎么办呢？一些人认为最好的办法就是克制自己的感情，不让不良情绪流露出来，做到"喜怒不形于色"。情绪的丰富性是人生的重要内容。我们的生活，如果缺少丰富而生动的情绪，将会变得呆板而没有生气。如果大家都"喜怒不形于色"，没有好恶，没有喜怒哀乐，那么，人就会变成会说话、有动作的机器人了。

人性密码

　　人之所以不同于机器,有血有肉、富有感情是一个重要因素。富有感情,人与人之间才能展开交流,才有心灵的沟通。

　　因此,强行压抑自己的情绪,硬要做到"喜怒不形于色",把自己弄得表情呆板,情绪漠然,不是感情的成熟,而是情绪的退化;不是正常人所应当有的,而是一种病态的表现。那些表面上看来似乎控制住了自己情绪的人,实际上是将情绪转入了内心。任何不良的情绪一经产生,就一定会寻找发泄的地方。当它受到外部压制,不能自由地宣泄时,便会在体内发泄,危及自己的心理和精神,可能造成的危害会更大,因此,偶尔发泄一下也未尝不可。

把你的压力变成动力

　　饥饿是一种压力,迫使你用劳动去获取食物;寒冷是一种压力,迫使你动手编织御寒的衣服;事业是一种压力,迫使你努力工作达到彼岸。

　　传说美洲虎是一种濒临灭绝的动物,世界上仅存十几只,其中秘鲁动物园里有一只。秘鲁人为了保护这只美洲虎,专门为它建造了虎园,里面有山有水,还有成群结队的牛羊兔子供它享用。奇怪的是,它只吃管理员送来的肉食,常常躺在虎房里,吃了睡,睡了吃。

　　有人说:"失去爱情的老虎,怎么能有精神?"为此,动物园又定期从国外租来雌虎陪伴它。可是美洲虎最多陪"女友"出去走走,不久又回到虎房,还是打不起精神。

　　一位动物学家建议说:"虎是林中之王,园里只放一群吃草的小动物，怎么能引起它的兴趣。"动物园里的管理人员采纳了专家的意见，放进了三只豺狗，从这以后美洲虎不再睡懒觉了。它时而站在山顶引颈长啸；时而冲下山来，雄赳赳地满园巡逻；时而追逐豺狗挑衅。

美洲虎有了攻击的对手，也就有了压力，有了压力使它精神倍增，与以前大不一样了。

人活在世上，虽然无法逃避生活和工作中的种种压力，但是人有办法战胜它。压力既有破坏性力量，也有积极的促动力量。压力能够变动力，这是物理学上的一条定理。

压力，是一种冒险，而适度的冒险可以增强人体新陈代谢能力，改善大脑营养，增强抵抗力。正像成人喜欢看恐怖影片、儿童爱听鬼故事那样，人有一种"接受冒险"的心理。所以，有压力不可怕，可怕的是没有勇气摆脱压力，战胜困难。

压力，还是一种刺激，凡是有生命的物质都离不开刺激。饥饿是一种压力，迫使你用劳动去获取食物；寒冷是一种压力，迫使你动手编织御寒的衣服；事业是一种压力，迫使你努力工作达到彼岸。而得到食物、衣服、业绩，便是一种刺激。如此说来，压力成了推动人们前进的动力。

生活中，多数人面对压力，都能奋力拼搏，正像游泳会溺水身亡，人们却乐此不疲那样。他们深知，踩着压力的基石过去，最终必能上岸。而那些在压力面前手足无措的人，终将一事无成。

一天，一个大和尚和一个小和尚出外化缘，来到水流湍急的河边，看见河边有个美貌的女子，不敢涉水过河正在发愁，这时小和尚二话没说就背起女子涉水过了河，将她放在对岸。第二天，他俩回到寺里，小和尚聚精会神地诵经，可大和尚老想着昨天发生的事，悄悄地问小和尚："你怎么能背那女子过河呢？"小和尚说："过了河，我就把她放下了，难道你心里始终还放不下她？"

这个故事说明一个人的压力往往来源于我们的内心世界，

人性密码

为任何一件事情过多的牵肠挂肚最后都会使原本简单的事情变成压力。

一条船装的东西太多，遇到阻力时，就得把无用的东西抛弃。人和船一样，虽然具有很强的力量，但若装满了毫无用处的"心理货物"，就难以前进，只有把它丢弃掉，才能轻装迈向目标。

每个人都会有这样的体会，一个人饭后散步时可以背起手来，闲情漫步，如果让他挑上百斤重担，便会立马小跑起来。这是为什么？是压力产生了动力。法国的维克多·格林尼亚，就是凭借压力，激发出动力，获得了诺贝尔化学奖。

格林尼亚出生于有钱人家，从小生活奢侈，不务正业，人们都说他是个没有出息的花花公子。在一次宴会上，格林尼亚有意靠近一位年轻貌美的姑娘。可是这位姑娘毫不留情地对他说："请站远点，我最讨厌你这样的花花公子挡住视线。"骄傲的格林尼亚有生以来第一次遇到这样的羞辱，这令人无地自容的羞辱像重重的一拳把昏睡不醒的他击醒。他从宴会上回来，给家人留下一封书信："请不要探询我的下落，容我去刻苦学习，我相信自己将来会创造出一些成绩的。"果不其然，8年后，他成了著名的化学家，时隔不久，又获得了诺贝尔化学奖。后来格林尼亚收到一封信，信中只有一句话："我永远敬爱那些敢于战胜自己的人。"写信者正是那位美丽的姑娘。

格林尼亚当众受辱有了压力，他为了洗刷掉这些羞辱，促使自己去战胜自我，后来终于用羞辱换得荣誉，实现了由纨绔子弟向伟大科学家的转化。这就是物极必反，压力变动力的结果。

我们还从格林尼亚的转化中发现，一个人追求的目标越高，战胜压力的力量就越大。

用方法过一种没压力的生活

把压力呼出去,把动力吸进来,必须改变态度。你如果面对无法摆脱的压力时,就应该反复地对自己说:"这是对我的挑战和考验。"

只要换个角度去思考,态度一改变,压力很快就能减轻。有人提出以下解压方法,不妨拿来一试。

激怒疗法

传说战国时代的齐闵王患了忧郁症,请宋国名医文挚来诊治。文挚详细诊断后对太子说:"齐王的病只有用激怒的方法来理疗才能治好,如果我激怒了齐王,他肯定要把我杀死的。"太子听了恳求道:"只要能治好父王的病,我和母后一定保证你的生命安全。"文挚推辞不过,只得应允。当即与齐王约好看病的时间,结果第一次文挚没有来,又约第二次。第二次没来又约第三次,第三次同样失约。齐王见文挚恭请不到,连续3次失约,非常恼怒,痛骂不止。过了几天文挚突然来了,连礼也不见,鞋也不脱,就上到齐王的床铺上问疾看病,并用粗话野话激怒齐王,齐王实在忍耐不住了,便起身大骂文挚,一怒一骂,郁闷一泻,齐王的忧郁症也好了。可惜,太子和他的母后并没有保住他的性命,齐闵王还是把他杀了。但文挚根据中医情志治病的"怒胜思"的原则,采用激怒病人的治疗手段,却治好了齐王的忧郁症,给中国医疗史上留下了一个心理疗法的典型范例。

逗笑疗法

清代有一位巡按大人，患有精神抑郁症，终日愁眉不展，闷闷不乐，几经治疗，终不见效，病情却一天天严重。经人举荐，一位老中医前往诊治。老中医望闻问切后，对巡按大人说："你得的是月经不调症，调养调养就好了。"巡按听了捧腹大笑，感到这是个糊涂医生，怎么连男女都分不清。以后，每想起此事，仍不禁暗自发笑，久而久之，抑郁症竟好了。一年之后，老中医又与巡按大人相遇，这才对他说："君昔日所患之病是郁则气结．，并无良药，但如果心情愉快，笑口常开，气则疏结通达，便能不治而愈。你的病就是在一次次开怀欢笑中不药而治的。"巡按这才恍然大悟，连忙道谢。

痛苦疗法

明朝有个农家子弟叫李大谏，自幼勤奋好学。头一年考上了秀才，第二年乡试，又中了举人，第三年会试，又进士及第。喜讯连年不断传来，务农的父亲高兴得连嘴都挂到耳朵上了，逢人便夸，每夸必笑，每笑便大笑不止，久而久之，不能自主，成了狂笑病，请了许多医生诊治，都没有效果。李大谏不得已便请某御医治疗。御医思考良久，才对李说："病可以治，不过有失敬之处，还请多加原谅："李说："谨遵医命，不敢有违。"御医随即派人到李大谏的家乡报丧，给他父亲说："你的儿子因患急病，不幸去世了。"李大谏的父亲听到噩耗后，顿时哭得死去活来，由于悲痛过度，狂笑的症状也就止住了。不久，御医又派人告诉李的父亲说："你儿死后，幸遇太医妙手回春，起死回生。"李的父亲听了又止住了悲痛。就这样，历时10年之久的狂笑病竟然好了。从心理医学上讲，此所谓相反疗法。

怡悦疗法

传说古代名医张子和，善治疑难怪病，在群众中享有崇高威信。一天，一个名叫项关令的人来求诊，说他夫人得了一种怪病，只知道腹中饥饿，却不想饮食饭菜，整天大喊大叫，怒骂无常，吃了许多药，都无济于事。张子和听后，认为此病服药难以奏效，让病人家属找来两名妇女装扮成演戏的丑角，故作姿态，扭扭捏捏地做出许多滑稽动作，果然令病人心情愉悦。病人一高兴，病就减轻了。接着，张子和又叫病人家属请来两位食欲旺盛的妇女，在病人面前狼吞虎咽地吃东西，病人看着看着，也跟着不知不觉地吃起来。就这样，利用怡悦引导之法，使病人心情逐渐平和稳定，最后终于达到不药而愈。

羞耻疗法

羞耻是人的本能，中医利用人的这一本能，治疗一些疑难怪症，都收到了神奇的意外效果。传说有一民间女子，因打哈欠，两手上举再也不能下来，吃药治疗皆无效果。名医俞用右，利用女子害羞的心理，假装要解开这位女子的腰带，扬言要为她作针灸治疗，女子被这突如其来的手势动作惊怒了，不自觉地急忙用双手掩护下身，急则生变，双手顺势自然下垂复原。这是中医采取"围魏救赵"的计谋权诈的心理疗法，收到了立竿见影的效果。

森田疗法

蔬菜大棚里，一位年轻病人正在指挥着大家热火朝天地运土、浇菜、施肥，健身房里，几个病人大汗淋漓地在跑步机、单杠上做运动。森田疗法是治疗神经症的最佳疗法。治疗要点是为所当为、寻找痛苦，为所怕为、忍受痛苦，有所不为，以顺应自然，超越自我，打破精神交互作用，消除症状，通过行动陶冶治病。治疗分绝对卧床期、轻体力工作期、重体力工作期、生活训练期4个步骤。

艺术疗法

音乐室里十多名病人伴着悠扬的乐声翩翩起舞；书画室挂满了病人自己创作的五颜六色的作品，病人们有的凝神运笔，有的挥毫泼墨；娱乐室中或三五成群搓着麻将，或悠闲地读书看报。艺术行为治疗是将各种艺术治疗和行为治疗中的代币奖励治疗结合起来，治疗单纯药物治疗效果不佳的慢性精神病人，促进患者社会功能的康复。艺术疗法对神经症、心理障碍、药物依赖等神经疾病有较好疗效，包括应用操作性音乐治疗、书法治疗、阅读治疗等具体方法。病人每两周轮换一室，每天由各室心理治疗医师讲解当天治疗活动的内容和治疗作用，然后由病人实际操作，治疗结束前要进行评分，到月底根据每人得分情况兑换各种生活用品、文具、食品等，以鼓励病人继续治疗，直到出院标准。

失意了你该怎么办

焦虑已经是现代人生活中的一部分了。可是很多人在焦虑的情绪升起时，往往不晓得自己正处在焦虑的状态下！

34岁的费清早已把博士学位揣入怀中，在别人眼中她是当之无愧的女强人。但在丈夫和小女儿的眼里，她却是个没有感情的"工作狂"。费清是一家咨询公司的投资顾问，在工作中她遇到许多客户的咨询委托，有些是她不熟悉的领域，但为了

第三章　镣铐之舞：学会慢慢欣赏沿途的风景

扩大客户群，她就先把业务接下来，然后再恶补这方面的知识。几年的时间里，已经是博士的她还拿下了注册会计师、审计师、律师资格，如今又在读 MBA，也快毕业了。但她仍觉得自己的知识欠缺，很多东西还不懂，觉得还要再学点什么。

丈夫对她一肚子的埋怨，本来身为博士的丈夫也想在事业上有一番作为，但是为了爱情他把所有的家务都承担了下来，可现在妻子却把所有的温存都给了学习，让他很失望。最可怜的就是他们的小女儿，整天被放在寄宿幼儿园，周末回家也常常见不到到处奔波上课的妈妈。当丈夫、女儿想和费清一起看看电视时，她也只是看时事新闻、财经新闻，丈夫常说她越来越没有情趣了，他们的婚姻堡垒也不再坚不可摧。近来，费清的身体也不再像从前那样好，经常出现恶心、焦躁等症状。

近年来，许多22~35岁的拥有高学历的正常成年人常会突发一种奇怪的疾病：没有任何病理变化，也没有任何器质性病变，但突发性地出现恶心、呕吐、焦躁、神经疲惫等症状，女性还会并发停经、闭经和痛经等妇科疾病，发病间隔不一定，起病时间也不一定。有关专家认定，这是一种身心障碍，未正式公布的名字是知识焦虑综合征。

焦虑已经是现代人生活中的一部分了。可是很多人在焦虑的情绪升起时，往往不晓得自己正处在焦虑的状态下！很多人都在说："唉，生活充满压力！"甚至连小孩也开口说："读书上学真有压力！"

总有这样的现象。

孩子说："明天考试成绩公布，我今晚一定睡不好！"

妈妈说："看着孩子的功课一天比一天退步，我不知该怎么办才好！"

先生说："最近业绩不好，回到公司都感到战战兢兢！"

婆婆说："每当儿子夜归，我就坐立难安！"

"睡不好""不知该怎么办好""战战兢兢""坐立难安"，

表示心中有焦虑。

当一个人心中感到焦虑,意味着他有压力了。

因为焦虑是人处在压力下一种生理及情绪上的不愉快、不舒服的感觉。

换言之,"考试成绩公布""孩子功课退步""工作表现欠佳""儿子夜归"等生活事件,已经变成压力事件了!焦虑是一种复杂的心理,它始于对某种事物的热烈期盼,形成于担心失去这些期待、希望。焦虑不只停留于内心活动,如烦躁、压抑、愁苦,还常外显为行为方式,表现为不能集中精神于工作、坐立不安、失眠或梦中惊醒等。

短时期的焦虑,对身心、生活、工作无甚妨碍;长时间的焦虑,能使人面容憔悴,体重下降,甚至诱发疾病,给身心健康带来影响。

如果一个人久陷焦虑情绪而不能自拔,内心便常常会被不安、恐惧、烦恼等体验所累,行为上就会出现退避、消沉、冷漠等情况。而且由于愿望的受阻,常常会懊悔、自我谴责,久而久之,便会导致精神变态,这便是焦虑症。焦虑症是一种普遍的心理障碍,在女性中的发病率比男性要高。流行病学研究表明,城市中大约有 4.1%~6.6% 的人在他们的一生中会得焦虑症。

人的一生,"不如意常八九",总有失意与困惑的时候。事业的挫折、家庭的矛盾、人际关系的冲突等都是经常会碰到的现象,如不注意调剂疏泄,会导致内心矛盾的冲突,使自己陷入郁恐、焦虑、悲痛等心理困境之中,对身心健康危害极大。

警惕哪些"隐形杀手"

焦虑并不是坏事，它往往能够促使你鼓起力量，去应付即将发生的危机。焦虑是有进化意义的。

卡耐基在他的书中提到一个石油商人的故事：

我是石油公司的老板，有些运货员偷偷地扣下了给客户的油量而卖给了他人，而我却毫不知情。有一天，来自政府的一个稽查员来找我，告诉我他掌握了我的员工贩卖不法石油的证据，要检举我们。但是，如果我们贿赂他，给他一点钱，他就会放我们一马。我非常不高兴他的行为及态度。一方面我觉得这是那些盗卖石油的员工的问题，与我无关；但另一方面，法律又有规定"公司应该为员工行为负责"。万一案子上了法庭，就会有媒体来炒作此新闻，名声传出去会毁了我们的生意。我焦虑极了，开始生病，3天3夜无法入睡，我到底应该怎么做才好呢？是给那个人钱还是不理他，随便他怎么做？

我决定不了，每天担心，于是，我问自己：如果不付钱的话，最坏的后果是什么呢？答案是：我的公司会垮，事业会被毁了，但是我不会被关起来。然后呢？我也许要找个工作，其实也不坏。有些公司可能乐意雇用我，因为我很懂石油。至此，很有意思的是，我的焦虑开始减轻，然后，我可以开始思想了，我也开始想解决的办法：除了上告或给他金钱之外，有没有其他的路？

找律师呀，他可能有更好的点子。

第二天，我就去见了律师。隔了几天，我的律师叫我去见地方检察官，并将整个情况告诉他。意外的事情发生了，当我讲完后，那个检察官说，我知道这件事，那个自称政府稽查员的人是一个通缉犯。我心中的大石落了下来。这次经验使我永难忘怀。至此，每当我开始焦虑担心的时候，我就用此经验来帮助自己跳出焦虑。

人之所以会焦虑会担心会害怕，是因为在潜意识中我们都渴望过一种自由自在、无忧无虑的生活，我们在面对可能发生的事件（当然指的是消极的）或克服此事件产生的后果时缺乏信心，潜在的不自信使我们的思想、行为、情绪造成一种紊乱，肌肉不由自主地战栗。在这种情况下，我们不仅注意力无法集中，情绪失控，而且记忆会严重丧失，这种情况若不改善，长期下来，会造成消化不良、胃溃疡、头痛、免疫系统的减弱、失眠、呼吸不顺畅、疲劳等等。

每个人都知道什么是焦虑：在你面临一次重要的考试以前，在你第一次和某位姑娘约会之前，在你的老板大发脾气的时候，在你知道孩子得了某种疾病的时候，你都会感到焦虑。焦虑并不是坏事，它往往能够促使你鼓起力量，去应付即将发生的危机。焦虑是有进化意义的。

但是，如果你有太多的焦虑，以至于达到焦虑症，这种有进化意义的情绪就会起到相反的作用，它会妨碍你去应对、处理面前的危机，甚至妨碍你的日常生活。如果你得了焦虑症，你可能在大多数时候、没有什么明确的原因就会感到焦虑；你会觉得你的焦虑是如此妨碍你的生活，事实上你什么都干不了。

心理上长期处于焦虑状态之中，就有可能导致生理和心理上的疾病。轻者包括疲劳、头痛、背痛、胃灼热、消化不良、下痢、失眠、甚至掉头发;重者可产生忧郁症、高血压、高胆固醇、免疫系统衰弱、癌症、阳痿、胰脏毛病、溃疡等疾病。

因此,我们一定要警惕焦虑的到来。

第四章
智慧之眼：
每一个自己都是最好的自己

你不能改变周围的环境，但是你可以决定自己的想法。无论发生什么事情，只要你能做到宠辱不惊、一笑置之，又怎么不能从容处世呢？当很多人还在为所谓的"身外之物"疲于奔命的时候，聪明的你应该时时告诉自己，生命对每个人来说只有一次；每一个自己都是最好的自己。

相信你只是暂时失败而已

成功者从不言败，在一次又一次挫折面前，总是对自己说："我不是失败了，而是暂时还没有成功。"

很多人告诉自己："我已经尝试过了，不幸的是我失败了。"其实他们并没有搞清楚失败的真正含义。

大部分人在一生中都不会一帆风顺，难免会遭受挫折和不幸。但是成功者和失败者非常重要的一个区别就是，失败者总是把挫折当成失败，从而使每次挫折都能够深深打击他追求胜利的勇气；成功者从不言败，在一次又一次挫折面前，总是对自己说："我不是失败了，而是暂时还没有成功。"一个暂时失利的人，如果继续努力，打算赢回来，那么他今天的失利，就不是真正失败。相反地，如果他失去了再次战斗的勇气，那就是真的输了！美国著名电台广播员莎莉·拉菲尔在她30年职业生涯中，曾经被辞退18次，可是她每次都放眼最高处，确立更远大的目标。最初由于美国大部分的无线电台认为女性不能吸引听众，没有一家电台愿意雇用她。她好不容易在纽约的一家电台谋求到一份差事，不久又遭辞退，说她跟不上时代。莎莉并没有因此而灰心丧气。她总结了失败的教训之后，又向国家广播公司电台推销她的清谈节目构想。电台勉强答应了，但提出要她先在政治台主持节目。"我对政治所知不多，恐怕很难成功。"她也一度犹豫，但坚定的信心促使她大胆去尝试。她对广播早已轻车熟路了，于是她利用自己的长处和平易近人的作风，大谈即将到来的国庆节对她自己有何种意义，还请听众打电话来畅谈他们的感受。听众立刻对这个节目产生兴趣,她也因此而一举成名了。如今,莎莉·拉菲尔已经两度获得重要的主持人奖项。她说:"我被人辞退18次,本来会被这些厄运吓退,做不成我想做的事情。结果相反,我让它们鞭策我勇往直前。"

　　美国百货大王梅西也是一个很好的例子。他于1882年生于波士顿,年轻时出过海,以后开了一间小杂货铺,卖些针线,铺子很快就倒闭了。一年后他另开了一家小杂货铺,仍以失败告终。

　　在淘金热席卷美国时,梅西在加利福尼亚开了个小饭馆,本以为供应淘金客膳食是稳赚不赔的买卖,岂料多数淘金者一无所获,什么也买不起,这样一来,小铺又倒闭了。

　　回到马萨诸塞州之后,梅西满怀信心地干起了布匹服装生意,这一回他不只是倒闭,简直就是彻底破产,赔了个精光。

　　不死心的梅西又跑到新英格兰做布匹服装生意。这一回他时来运转了,买卖做得很灵活,甚至把生意做到了街上商店。头一天开张时账面上才收入11.08美元,而现在位于曼哈顿中心地区的梅西公司已经成为世界上最大的百货商店之一。

　　如果一个人把眼光拘泥于挫折的痛感之上,他就很难再抽出身来想一想自己下一步如何努力,最后如何成功。一个拳击运动员说:"当你的左眼被打伤时,右眼还得睁得大大的,才能够看清敌人,也才能够有机会还手。如果右眼同时闭上,那么不但右眼要挨拳,恐怕连命也难保!"拳击就是这样,即使面对对手无比强劲的攻击,你还是得睁大眼睛面对受伤的感觉,如果不是这样的话一定会失败得更惨。其实人生又何尝不是这样呢?

　　中国有句古语叫"多难兴邦"。挫折、困境确实可以使人精力耗竭、精神崩溃,乃至一蹶不振,但它也可以助人成熟,把人推向成功。同是挫折,对有些人会成为动力,助人走上人生的良性循环，而对有的人却是阻力，使人陷入困境不能自拔。

"力量不在别处，就在我们自己身上。"面临挫折和困境的朋友，愿你从鲍狄埃的话语中，悟出你的力量和勇气。要记住，走出失败的第一步是能够坦然面对它。

做一个懂得保护自己的人

在现实生活中，有时也需要用软绳子来拴住别人的把柄，来保护自己，制服对手。

对于顽固的人，不能一味地使用强硬的手段以硬碰硬。那样的话即使能制服其人，也未必能收服其心，以柔克刚，恰似柔火冶钢，总能将钢烧熔。

宋太祖夺了天下不久，曾经十分困惑地问了赵普这样一个问题："自唐末以来，几十年间，换了十几个皇帝，征战不息，原因何在？"

赵普想了想，引用安史之乱的教训回答说："因藩镇的势力太强大了，皇帝势弱而臣子势强，自然无法控制局面。今天只要稍微削减他们的权力，控制他们的钱粮，收编他们的精兵，天下自然就会安定。"

话未说完，太祖就说："你不用再说了，我已经知道。"过了不久，太祖和老友故将石守信等人饮酒，酒酣耳热之时，命令左右侍候的人退下，对他们说："我如不依靠你们的力量，不可能有今天，我将永远铭记你们的恩德，每时每刻都不忘怀。然而做天子也十分困难，简直不如当节度使快乐，我现在整夜睡不安枕啊。"

石守信等人问:"为什么呢?"太祖说:"这还用说?身居这个位置的人,谁不想将他干掉。"

石守信等人都惶恐万分,向太祖叩头说:"陛下为什么说出这样的话?"太祖说:"不是这样吗?你们虽然没有这个野心,但你们手下的人想富贵啊!一旦他们将黄袍给你们穿上,就是想不做皇帝,也不可能啊。"

石守信等人都叩头哭着说:"我们虽愚蠢之至,还未到这种地步,只求陛下可怜我们,给我们指出一条可以求生之路。"太祖说:"人生短暂,如白驹过隙,想求富贵的人,不过多得些金钱,使自己优裕享乐,使子孙不受贫乏之苦。你们何不放弃兵权,选择些好田宅买下来,为子孙创立永久的产业;多买一些歌女,成天饮酒作乐,以终天年。我们君臣之间,也免却互相猜测怀疑,不也很好吗?"

石守信等人再次拜谢太祖:"陛下替臣等着想到这种地步,真所谓同生死的亲骨肉啊!"第二天,他们几个人都说自己有病,不能继续任职,请求太祖解除了他们的兵权。

导致唐朝末年军阀割据内乱纷扰的弊政,被宋太祖谈笑间就解除了,整个宋朝都没有地方或权臣力量过于强大的忧患。

在现实生活中,我们经常能碰到一些可能有实力与自己竞争的人,成为前进路上的绊脚石。如果你硬碰硬地把他搬掉,可能不仅会引起冲突,还会让周围人觉得你胸怀不宽广,引起各种猜测和议论。

这时我们不妨用软绳子来拴住别人的把柄,来保护自己,制服对手。我们要想办法让对方明白我们的苦心,再给予一些点拨,让他权衡一下实力后知道无法抗争,就会很"识相"地服从我们的意愿。

劣势也是可以转化为优势的

人或事物都各有各的长处和短处，只要善于扬长避短，就可以将劣势转化为优势。

每个人都有自己的长处和短处。然而，有的人却将注意力过多地集中到自己身上的某些缺陷上，看不到自己的长处和优点。他们万般苦恼自卑，认为是因为有了那些缺陷而不能获得人生的成功。其实，金无足赤，人无完人，每个人身上都会有某种缺陷，关键看你怎么对待它。有些所谓的缺陷，对个人的工作和生活并无什么妨碍，与其花大量的心思去讨厌它，弥补它，不如将时间精力用来关注、发展、渲染自己的长处，开发自己独特的天赋。当你的优势被发挥渲染到极致时，你的劣势就不再引人注目，你也就成功了。

博格斯是 NBA 篮球队有史以来最矮的球员，身高只有 1.6 米，即使在东方人的眼里也算矮子，更不用说是在两米都嫌矮的 NBA 篮球队了。

但是，这个最矮的球员却是 NBA 表现最杰出、失误最少的后卫之一。他控球一流，远投准确，就是带球上篮也总能变幻莫测，让人防不胜防。

博格斯是不是天生的高手呢？当然不是，而是苦练的回报。

有一次，他在接受记者采访的时候，谈到了自己走入 NBA 的历程。

博格斯从小就长得特别矮小，但却异常地热爱篮球。当时他的梦想就是有一天去打 NBA，因为 NBA 的球员享有极高的社

人性密码

会评价和雄厚的经济实力。这几乎是所有爱打篮球的美国少年的梦想。

每当博格斯告诉他的伙伴"我长大后要去打NBA"时,听到的人都忍不住哈哈大笑,有人甚至笑倒在地上。因为伙伴们"认定":一个1.6米的矮子是"天灾",是"绝对不可能"打NBA的。

伙伴们"认定"的"绝对不可能",并没有磨灭博格斯的志向。他用比一般人多几倍、十几倍的时间练球、圆梦,终于成为全能的篮球运动员,成为最佳的控球后卫。他将自己矮小的劣势转化成为矮小的优势:个子小不引人注意,运球的重心低,行动灵活迅速,传球、投球屡屡得手。

博格斯创造了自己的奇迹,小个子成为篮球大球星。

另一个十几岁的小男孩,在车祸中不幸失去了左臂。这个独臂的小男孩也创造了自己的奇迹,成为少年柔道比赛的冠军。

小男孩失去了左臂之后,拜一位日本柔道大师做了师傅,专心致志地学习柔道。他学得不错,可是练了3个月,师傅仅仅教了他一招。

小男孩有点纳闷,便忍不住试探着问师傅:"我是不是应该再学学其他的招数?"

师傅回答说:"你的确只学会一招,但你目前只需要练精、练好这一招就够了。"

小男孩还是不明白,但他相信师傅,于是又继续埋头练了下去。

又过了几个月,师傅第一次带小男孩去参加少年柔道比赛。小男孩自己也没有想到,居然轻轻松松地赢了前两轮。第三轮有点艰难,但对手求胜心切,逐渐变得有些急躁,连连进攻,小男孩抓住破绽,敏捷地施展出自己的那一招,又赢了。就这样,小男孩进入了决赛。

决赛时的对手,要比小男孩高大、强壮许多,似乎也更有经验。小男孩一度有点招架不住，裁判担心小男孩会受伤，就叫了暂停，并打算就此终止比赛。然而小男孩的师傅不答应，坚决地说："请裁判将比赛继续进行下去！"

比赛重新开始后，对手放松了戒备，小男孩趁机使出那漂亮的一招，制服了对手，赢得了比赛，获得了冠军。

在回家的路上，小男孩和师傅一起回顾每场比赛的细节。小男孩鼓起勇气道出了心里的疑问："师傅，我怎么只凭这一招就赢得了冠军？"

师傅答道："有两个原因：第一，你几乎完全掌握了柔道中最难掌握的这一招。第二，就我所知，对付这一招最有效的办法是对手需要抓住你的左臂。"

小男孩恍然大悟，原来正是因为失去了左臂，被制服的最大劣势不存在了，劣势反倒变成了不易被制服的优势。

尺有所短，寸有所长。人或事物都各有各的长处和短处，只要善于扬长避短，就可以将劣势转化为优势。

简化生活，人生大不同

简化生活就是要做到心存简单，不要让太多的欲望拖着上路。

简化你的生活，就会得到你向往的宁静致远，并且它将伴随你一路勇往直前。

我们常常会叹息生活这部车太沉、太重，累得我们疲惫不堪，几乎要迷失方向。于是心生疑惑：是自己缺少热情和精力去面对生活，还是生活本身就如此呢？

人来到这个世上，并非为了受苦受累，而寻找生活的乐趣、追求人生的幸福才是人类永恒的追求。有人说,没有最好的生活,只有最好的设计,这是很有道理的。生活轻松快乐与生活劳累烦闷的感觉,大半是由自己营造出来的。如果学会简化生活,那么生活这部车子就会跑得快跑得欢了。

"简化"是生活中第一要做的事情。就像美丽精致的杂物一样,再好,也是杂物,应该从生活中坚决剔除出去。

简化的第一步就是要知道什么是自己真正想要的。不妨在手边常备一张便条纸、一支笔,把自己想要的东西、想完成的改变列个清单。当达到其中一项目标时,你会有强烈的成就感和满足。如果暂时做不到,那么只是把它放在清单上就好了。过一段时间,你可能会惊奇地发现有的愿望居然自己实现了,或者你不再那么想要它。

简化生活就是要做到心存简单,不要让太多的欲望拖着上路。不要总认为别人拥有的自己也应当拥有,终日惶惶不安地迷失在自己制造的种种需求中,在物欲的罗网里苦苦挣扎;简化生活,就是要安于淡泊远离名利。不要让太多的虚荣不停地抽动生活的陀螺,不要让太多的名利思想遮去心头灿烂的阳光;简化生活就是积极创造生活、热爱生活。我们不能以被动的消极姿态去对待生活。

在这里向你推荐几种简化生活,让心灵回归平静的方法。

学会求助。如果花上10块钱你就可以把脏衣服送到洗衣店然后取回干净整洁的,而自己洗完熨好则需要一下午,你会选择哪一种方法?

不要同时给自己安排几个工作。当你边做报告、边打电话、边照看孩子时,也许觉得自己很聪明,但很可能你只是在制造压力,而且一件事也做不好。

做好电话录音。买个应答机,就能有效地拒接骚扰电话和那些自己不想接的电话。

擅长"积跬步"。与其大张旗鼓地在周末处理大杂务,还不如自己将工作划成一份份的小工作，分别来做。所有的事情一块做会令人感到压抑，而每次只做一件事则好多了。如打扫衣柜，专心地做，一会就能做完。

尽量使用电子银行业务。你的账单是自动存取的吗？你可以将一些人工存款和其他存款计划变成自动存款，这样就能避免排长队以及丢失账单的危险。

不要成为有洁癖的人。法律并没有规定，你自己的房子必须符合健康住房的审查标准。

简化自己的社交生活。与其为许多人浪费时间，精心准备昂贵的美食，还不如星期日邀请几个朋友一块去吃顿便饭，喝碗热汤，吃自制面包。人们重视的只是交情，而不是浮华。

排除干扰，集中精力，那么你将会体会到内心的平静是一件多么美妙的事情。

倾听你内心的声音

我们唯一忽视的，便是去听一听自己内心的声音。

一个人最不了解的其实是自己。人们只了解自己的欲望，不了解自己的本性；只了解自己的所缺，不了解自己的所有；只了解自己的容貌，不了解自己的形象。为此，要学会倾听，它像澡堂里面的镜子，茫茫雾气凝为水珠淌下来之后，镜里就有真容。

每个人都有这样的经历，在遭逢大事的时刻，能听到自己内心的声音，如神示，导引迷路的人走出森林。人只有在最倾力思考的时刻，才会听到内心的声音。心灵在宁静的时刻，才拨奏琴弦。

很多时候,我们的内心都为外物所遮蔽、掩饰,从而听不到或不愿承认自己最真实的想法,因此在人生中留下许多遗憾。在学业上,由于我们还不会倾听内心的声音,所以盲目地选择了别人为我们选定的,他们认为最有潜力与前景的专业;在事业上,我们故意不去关注内心的声音,在一哄而起的热潮中,我们也去选择那些最为众人看好的热门职业;在爱情上,我们常因外界的作用扭曲了内心的声音,因经济、地位、相貌等非爱情因素而错误地选择了爱情对象……我们都是现代人,现代人惯于为自己做各种周密而细致的盘算,权衡着可能有的各种收益与损失,但是,我们唯一忽视的,便是去听一听自己内心的声音。

我们很忙,行色匆匆地奔走于人潮汹涌的街头,这也是我们不去倾听内心声音的一个缘由。我们找不到一个可以冷静驻足的理由和机会。现代社会在追求效率和速度的同时,使我们作为一个人的优雅在逐渐丧失。那种恬静如诗般的岁月在现代人身上已成为最大的奢侈和批判对象。内心的声音,便在这种繁忙与喧嚣中被淹没。物的欲望在慢慢吞噬人的性灵和光彩,我们留给自己的内心空间被压榨到最小,我们狭隘到已没有"风物长宜放眼量"的胸怀和眼光。我们开始患上种种千奇百怪的心理疾病,心理医生和咨询帅在我们的城市也渐渐走俏,我们去求医,去问诊,然后期待在内心喑哑的日子里寻求心灵的平衡。其实,人的真我一直在心中安静的角落里默默地生活着,当人忙于虚荣、享乐和野心的时候,他就悄悄地回避了,隐忍地等待主人的觉醒,像等待一个迷途的孩子。

当生活变得干涸乏味,当饥渴的心灵觉得必须要好好审视自己的时候,请试着安静下来倾听真实的愿望。让内心的声音自由表达关于幸福、美丽和梦想的意义,体会生命之泉给心灵注入的希望和活力。这种倾听能帮助困境中的人们摆脱似乎已停滞不前的生命之舟,带他们跨入人生的另一阶段,让他们再度体验生命的甘美。

心理咨询师要做的事情,就是帮助困境中的人真实地、勇敢地面对自己的欲望、恐惧和愤怒,去掉蒙在心灵上的层层包装。这是一个非常艰难痛苦的过程,因为必须面对自己丑陋甚至邪恶的一面,但最终的结果将表明,这种痛苦是值得的——让心灵健康地在阳光下舒展。

人可以成为自己的心理咨询师,在内心的声音发出呼唤的时候,鼓起勇气回应它,突破现有的舒适的界限,尝试新的愿望和冒险,承担由此而来的责任,体验新的高峰的奖赏,体验丰富了的生命的内在乐趣,体验每一个微小瞬间的绝对微光。

所以,别让内心的声音徒劳地呼喊,静下来,倾听自己的真正愿望吧!

学会做最好的自己

不可能每个人都当船长,必须有人来当水手,问题不在于你干什么,重要的是能够做一个最好的你。

在一次讨论会上,一位著名的演说家没讲几句开场白,手里就高举着一张20美元的钞票,面对会议室里的200个人,他问:"谁要这20美元?"

他接着说:"我打算把这20美元送给你们中的一位,但在这之前,请准许我做一件事。"

他把钞票扔在地上,又踏上一脚,并且用脚碾它,而后他拾起钞票,钞票已变得又脏又皱。

"现在谁还要？"

还是有人举起手来。

"朋友们，你们已经上了一堂很有意义的课。无论我如何对待那张钞票，你们还是想要它，因为它并没有贬值，它依旧值20美元。人生路上，你们会无数次地被自己的决定或碰到的逆境击倒、欺凌甚至碾得粉身碎骨，你们觉得自己似乎一文不值。但无论发生什么，在上帝的眼中，你们永远不会丧失价值。在他看来，肮脏或洁净、衣着齐整或不齐整，你们仍然是无价之宝。生命的价值不依赖你们的所作所为，也不依仗你们结交的人物，而是取决于你们本身！你们是独特的——永远不要忘记这一点！"

一大早，艾尔比开着小型运货汽车来了，车后扬起一股尘土。

他卸下工具后就干起活来。艾尔比会刷油漆，也会修修补补，能干木匠活，也能干电工活，修理管道，整理花园。他会铺路，还会修理电视机。他是个心灵手巧的人。

艾尔比上了年纪，走起路来步伐缓慢、沉重，头发理得短短的，裤腿留得很长，他给别人干活。

艾尔比摆弄起东西来就像雕刻家那样有权威，那种用自己的双手工作的人才有的权威。木料就是他的大理石，他的手指在上边摸来摸去，摸索什么，别人不太清楚。

有一天，艾尔比在路那头为邻居们盖了一个小垃圾棚。垃圾棚被隔成3间，每间放一个垃圾桶。棚子可以从上边打开，把垃圾袋放进去，也可以从前边打开，把垃圾袋挪出来。小棚子的每个盖子都很好使，门上的合页也安得严丝合缝。

在艾尔比的天地中，没有什么神秘的东西，因为那都是他在某个时候制作的，修理的，或者拆卸过的。保险盒、牲口棚、村舍全是出自艾尔比的手。

艾尔比的主人们从事着复杂的商业性工作。他们发行债券，签订合同。艾尔比不懂如何买卖证券，也不懂怎样办一家公司。

但是当做这些事时,他们就去找艾尔比,或找像艾尔比这样的人。

当一天结束的时候,艾尔比收拾工具,放进小卡车,然后把车开走了。他留下的是一股尘土,以及至少还有一个想不通的伙伴。这个人纳闷,为什么艾尔比做得这样多,可得到的报酬却这样少。

然而,艾尔比又回来干活儿了,默默无语,独自一人,没有会议,也没有备忘录,只有自己的想法。他认为该干什么活就干什么活,自己的活自己干,也许这就是自由的一个很好的定义。

一位诗人说过:"不可能每个人都当船长,必须有人来当水手,问题不在于你干什么,重要的是能够做一个最好的你。"把身边的工作做好,就是生活中的成功。

有规划的人生才能成功

我们需要给人生一份合理的规划。这是获取平衡最关键的一个因素。

美国华裔体操名将马思明17岁就获得了泛美运动会体操全能金牌。她每天早上5点半起床,6点出门,6点40至7点做暖身运动。然后练习到9点半。10点开始上学校的正规课程,下课之后再去体育馆练习,从4点一直到七八点,然后开车回家做功课,在11点钟就寝。

马思明的教练唐·彼得斯说:"我认为她是美国最好的体操选手,她有能力把握每一天的时间!"

他没有用任何词语形容马思明辛苦的练习,却强调她有能力把握每一天的时间,是因为每一个堪称"最佳体操选手"的人,必然都经过辛苦的练习。其中,唯独"有能力把握每一天时间"的才能站到巅峰。

对于大多数从事各种职业的人来说,工作在我们的生活中占据着越来越重的分量,以至于让我们渐渐失去了重心,失去了平衡。

这种生活上的不平衡,会导致以下两种情况出现:一种是失去工作的激情。很多人在职业生涯的10年或20年后,便拥有了令人羡慕的职位和头衔。但从某种程度上讲,我们其实是进入了一种惯性模式中。在这种惯性里,我们并不快乐,对工作也没有激情。当大多数人把过多的时间花在工作上而不是家庭上的时候,会感到疲惫不堪。因为我们在追求并不能给自己满足感的事情上,花去了太多的时间。

另一种情况是,工作耗费了我们太多的激情,以至于忽视了生活的其他方面而导致婚姻和健康出现了问题。我们一心一意地扑在事业上,不顾生活中其他带来满足感的方面。这种人有个专门的名字——"工作狂"。经济低迷使这两种情况变得更加严重。人们感到他们不得不在工作上付出更多的时间。因为没有太多选择工作的权利。担心失业的情绪,迫使人们更加辛苦地工作。

我们需要给人生一份合理的规划。这是获取平衡最关键的一个因素。不要让日常的琐事把自己淹没,工作之余,坐下来好好思考一下商人、丈夫、家长等角色在心中的主次,以及自己想要在一生当中达成的目标。

在参与社会活动时要分清主次,能够按时照顾家庭。在现实生活中,有太多的人忽视了对家庭的重视,以为自己在工作中所付出的一切都是为了家庭,因此理所当然应当得到妻儿的支持。这种想法是错误的。

当生活与工作产生冲突,又承受着公司带来的巨大压力时,怎么办？不妨找一位导师。他可以是平衡家庭与工作中做得好的，也可以是擅长时间安排的，或者在工作中可以给你指点、以帮助你提高工作效率的。只要他具有你希望学习掌握的素质和能力，并且愿意在你身上进行时间的投入，就可以请他作为你的导师，帮助你在职业或精神上有所提高。

第五章
自我挑战：
任何事情有挑战才会有可能

在别人看来不可能的事，如果当事人能从潜意识去认可"可能"，也就是相信可能做到的话，事情就会按照那个信念的强度如何，而从潜意识中激发出极大的力量来。这时，即使表面看来不可能的事，也能够做到了。

弱者和强者的区别

　　世上没有任何绝对的事情，懦夫并不注定永远懦弱，只要他鼓起勇气，大胆向困难和逆境宣战，并付诸行动，便可以成为勇士。

　　著名的哲学家伊曼努尔·康德说过，恐惧是对危险的自然厌恶，它是人类生活中不可避免的和无法放弃的组成部分。

　　当你的敌人太过强大而让你心生畏惧时，你该怎么办？

　　在恐惧的情绪下和对方全力比拼，就算侥幸胜利了，也是两败俱伤。有经验的人会告诉你，不管眼前的敌人多么强悍威猛，只要适时激发信心，你就能轻而易举地战胜他。

　　当初，宋太祖赵匡胤肆无忌惮、得寸进尺地威胁欺压南唐。镇海节度使林仁肇有勇有谋，听闻宋太祖在荆南制造了几千艘战舰，便向李煜奏禀，宋太祖的目的是图谋江南。南唐爱国人士获知此事后，也纷纷向李煜奏请，要求前往荆南秘密焚毁战舰，破坏宋朝南犯的计划。可李煜却胆小怕事，不敢准奏，以致失去防御宋朝南侵的良机。

　　后来，南唐国灭，李煜沦为阶下囚，其妻小周后常常被召进宋宫，侍奉宋皇，一去就得好多天才能放出来，至于她进宫到底做些什么，作为丈夫的李煜一直不敢过问。小周后每次从宫里回来就把门关得紧紧的，一个人躲在屋里悲悲切切地抽泣。对于这一切，李煜忍气吞声，把哀愁、痛苦、耻辱往肚里咽。

人性密码

实在憋不住时,就写些诗词聊以自慰。

李煜虽然在诗词上极有造诣,但作为一个国君,一个丈夫,他是一个懦夫,是一个失败者。

其实,没有人能够完全摆脱怯懦和畏惧,最幸运的人有时也不免有懦弱胆小、畏惧不前的心理状态。但如果成为一种习惯,它就会成为情绪上的一种弊病,使人过于谨慎、多虑、犹豫不决,在心中还没有确定目标之时,已含有恐惧的意味,在稍有挫折时便退缩不前,因而影响自我设计目标的完成。

怯懦者害怕面对冲突,害怕别人不高兴,害怕害别人,害怕丢面子。所以在择业时,因怯懦,他们常常退避三尺,缩手缩脚,不敢自荐。在用人单位面前他们唯唯诺诺,不是语无伦次,就是面红耳赤、张口结舌。他们谨小慎微,生怕说错话,害怕回答问题不好而影响自己在用人单位代表心目中的形象。在公平的竞争机遇面前,由于怯懦,他们常常不能充分发挥自己的才能,以至于败下阵来,错失良机,于是产生悲观失望的情绪,导致自我评价和自信心的下降。

美国最伟大的推销员弗兰克说:"如果你是懦夫,那你就是自己最大的敌人;如果你是勇士,那你就是自己最好的朋友。"对于胆怯而又犹豫不决的人来说,一切都是不可能的,正如采珠的人如果被鳄鱼吓住,怎能得到名贵的珍珠?事实上,总是担惊受怕的人,他就不是一个自由的人,他总是会被各种各样的恐惧、忧虑包围着,看不到前面的路,更看不到前方的风景。正如法国著名的文学家蒙田说的:"谁害怕受苦,谁就已经因为害怕而在受苦了。"懦夫怕死,但其实,他早已经不再活着了。

世上没有任何绝对的事情,懦夫并不注定永远懦弱,只要他鼓起勇气,大胆向困难和逆境宣战,并付诸行动,便开始成为勇士。勇者并非凡事都无所畏惧,只是他们对胜利的渴望已经压过了恐惧,只要你试着把"害怕"的念头转换成"一定要成功"的决心,就会对自己的表现有所帮助。

弱者的害怕,是在害怕中充满疑虑;强者的害怕,是在害怕中仍然充满自信。

敢不敢做你害怕的事

谁害怕受苦,谁就已经因为害怕而在受苦了。

法国著名的文学家蒙田说过:"谁害怕受苦。谁就已经因为害怕而在受苦了。"

有位年轻的姑娘,10年前被车撞倒,江湖医生说她瘫痪了。她相信了江湖医生的话,于是感到头脑呆滞,双腿麻木,再也站不起来了。她整日坐在轮椅上,肌肉渐渐萎缩,变成了瘫痪人。

转机发生在第二次车祸。5年后的某一天,当她连人带车被一辆三轮车撞出人行道时,她突然觉得疼痛难忍。家里人不相信她会疼痛,送她到一家大医院,医院外科专家确诊她根本没有瘫痪。经过一段时间的物理治疗,她很快就能站立起来行走了。当她站起来时,除了深感幸运外,还深感遗憾,别人说自己瘫痪了,自己就信以为真,当初为什么不去试试呢!是的,她如果试一试,就不会被他人的话所控制。可见心理上这种无形障碍,会使人情绪萎靡,自信心丧失,肌体功能失调,久而

-85-

人性密码

久之，人会变得这也不敢干那也不敢做，无形中就把自己归类到那些"注定"不会成功的人里边去了。

怕了一辈子鬼的人，一辈子也没见过鬼，恐惧的原因是自己吓唬自己。世上没有什么事能真正让人恐惧，恐惧只不过是人心中的一种无形障碍罢了。不少人碰到棘手的问题时，习惯设想出许多莫须有的困难，这自然就产生了恐惧感，遇事你只要大着胆子去干，就会发现事情并没有自己想象的那么可怕。

有位推销员因为常被客户拒之门外，慢慢患上了"敲门恐惧症"。他去请教一位大师，大师弄清他的恐惧原因后便说："你现在假装站在即将拜访的客户门外，然后我向你提几个问题。"

推销员说："请大师问吧！"

大师问："请问，你现在位于何处？"

推销员说："我正站在客户家门外。"

大师问："那么，你想到哪里去呢？"

推销员答："我想进入客户的家中。"

大师问："当你进入客户的家之后，你想想，最坏的情况会是怎样的？"

推销员答："大概是被客户赶出来。"

大师问："被赶出来后，你又会站在哪里呢？"

推销员答："就——还是站在客户家的门外啊！"

大师说："很好，那不就是你此刻所站的位置吗？最坏的结果，不过是回到原处，又有什么好恐惧的呢？"

推销员听了大师的话，惊喜地发现，原来敲门根本不像他所想象的那么可怕。从这以后，当他来到客户门口时，再也不害怕了。他对自己说："让我再试试，说不定还能获得成功，即使不成功，也不要紧，我还能从中获得一次宝贵的经验。最坏最坏的结果就是回到原处,对我没有任何损失。"这位推销员终于战胜了"敲门恐惧症"。由于克服了恐惧,他当年的推销成绩十分突出,被评为全行业的"优秀推销员"。

俄国作家契诃夫说得好:"有大狗,也有小狗。小狗不该因为大狗的存在而心慌意乱。所有的狗都应当叫,就让它们各自用自己的声音叫好了。"

我们也是一样,不应该因为其他人在某方面比自己强就不敢前进,勇敢地走自己的路就是最好的。

走一条属于自己的路

每当你发现自己总是在回避你害怕做的事时,你还可以问问自己:"如果我真的去试一试这些怕做的事,最坏的结果会是怎样?"最坏的结果,决不会比你想象的更可怕。

美国职业足球教练文斯·伦巴迪当年曾被人批评为"对足球只懂皮毛,缺乏斗志"的人。

贝多芬学拉小提琴时,技术并不高明,他宁可拉他自己作的曲子,也不肯做技巧上的改善,他的老师说他绝不是个当作曲家的料。

达尔文当年决定放弃行医时,遭到父亲的斥责:"你放着正经事不干,整天只管打猎、捉狗捉耗子的。"另外,达尔文在自传上透露:"小时候,所有的老师和长辈都认为我资质平庸,我与聪明是沾不上边的。"

爱因斯坦4岁才会说话,7岁才会认字;老师给他的评语是:"反应迟钝,不合群,满脑袋不切实际的幻想。"他曾遭到退学的命运。

罗丹的父亲曾怨叹自己有个白痴儿子,在众人眼中,他曾是个前途无"亮"的学生:艺术学院考了3次还考不进去。他的叔叔曾绝望地说:"孺子不可教也。"

托尔斯泰读大学时因成绩太差而被劝退学。老师认为他:"既没读书的头脑,又缺乏学习的兴趣。"

这些,都是我们熟悉的名人,他们的共同点是:当别人瞧不起自己时,不是以怯懦示人,而是勇敢地面对,并且挑战自己。

有人问英国戏剧大师萧伯纳:"为什么你讲话那么有吸引力?"

萧伯纳答道:"试出来的,就像学滑冰一样,开始时,笨头笨脑,像个大傻瓜,后来试的次数多了,就熟练了。"

萧伯纳年轻时,胆子很小,不敢大声讲话,更不敢在公开场合发言,每当要敲别人的门时,至少要在门外徘徊20分钟,才硬着头皮去冒那个险。他说:"很少有人像我那样深受害羞和胆怯之苦。"后来,他下决心要变弱为强,从试一试开始。他参加了辩论协会,出席伦敦各种公开讨论会,逮住机会就发言,终于跨越了自己的无形障碍,成为20世纪最有自信和最杰出的讲演者之一。

很多时候,成功就像攀爬铁索,失败的原因不是智商的低下,也不是力量的单薄,而是威慑于自己的无形障碍,被铁索周围的外在现象吓破了胆。如果我们敢于做自己害怕的事,害怕就必然消失。

第五章 自我挑战：任何事情有挑战才会有可能

著名科学家陈章良出生在农村，父亲是一字不识的农民，母亲是地道的家庭妇女。从小深爱贫困之苦的陈章良虽然有点胆小怕事，但他决定好好念书，摆脱贫困。

1978年他背着行李，坐着拖拉机到县城参加高考，全乡众多考生中，陈章良是唯一的中榜者。

刚进校门，别人都会英语，可他连26个字母都认不全。由于穷，家里不可能给他一分钱，他就靠学校每月发的19元助学金和假期打工赚钱度日，学校饭菜不够吃，他就靠地瓜充饥。

又穷又土的陈章良毕业后第二年，通过艰苦的努力，以优异的成绩考上了美国华盛顿大学。

1987年，陈章良回国，年仅26岁就当上了北京大学的副教授。34岁那年，当上了北京大学的副校长。

陈章良是20世纪80年代中国在美国的留学生中第一个获得博士学位的人，第一个在权威刊物上发表论文的人，也是唯一一个以研究生的身份在国际学术会议上作报告的人。

他在北京大学建立了两个中国最大的生物实验室，一个是国家的，一个是他自己的。

一个人遇上害怕的事，只要勇敢地向自己挑战，就会觉得并没有什么，也没有你原先想象的那么可怕。每当你发现自己总是在回避你害怕做的事时，你还可以问问自己："如果我真的去试一试这些怕做的事，最坏的结果会是怎样？"最坏的结果，决不会比你想象的更可怕。

真正成功的人生，不在于成就的大小，而在于你是否努力地去实现自我，喊出属于自己的声音，走出属于自己的道路。

人性密码

行动、行动、再行动

怯懦，是穷人的劲敌，少一份怯懦，就会多一份前程。而消除怯懦的唯一办法就是行动、行动、再行动。

美国的克里蒙·斯通在童年时代是个穷人的孩子，他与母亲两人相依为命。小斯通十多岁时，为保险公司推销保险成为母子俩的职业。斯通始终清醒地记得他第一次推销保险时的情形：他的母亲指导他去一栋大楼，从头到尾向他交代了一遍。但是他犯怵了。

他站在那栋大楼外的人行道上，一面发抖，一面默默念着自己信奉的座右铭："如果你做了，没有损失，还可能有大收获，那就下手去做。""马上就做！"

于是他做了。

他走进大楼，他很害怕会被踢出来。

但他没有被踢出来，每一间办公室，他都去了。他脑海里一直想着那句话："马上就做！"走出一间办公室，更担心到下一间会碰到钉子。不过，他还是毫不犹豫地强迫自己走进下一间办公室。

这次推销成功，他找到了一个秘诀，那就是：立刻冲进下一间办公室，这样才没有时间感到害怕而犹豫。

那天，只有两个人向他买了保险。以推销数量来说，他是

第五章 自我挑战：任何事情有挑战才会有可能

失败的，但在了解自己和推销术方面，他的收获是不小的。

第二天，他卖出了4份保险。第三天，他卖出了6份。他的事业开始了。

怯懦，是穷人的劲敌，少一份怯懦，就会多一份前程。而消除怯懦的唯一办法就是行动、行动、再行动。

当你遇上害怕做的事情时，你应该怎么办？

有时候，我们不敢学外语，不敢学小提琴，不敢下水学游泳，不敢在课堂上提问，不敢上台讲演，明知这件事不对也不敢说个"不"字，等等。这种种不敢，其实都是我们自己给自己设下的无形障碍罢了！也正是这种无中生有的无形障碍，使我们裹足不前，错过了许多我们本来应该去做，而且能够做好的事。

我们每个人也许都有过这样的体会，小时候刚学会走路，一次又一次地跌倒，但一次又一次地爬起来，最终学会了走路。可是渐渐长大了，坚持不懈的精神受到外界的影响，常常认为别人对自己的评价比自己对自己的评价更为重要。如果做错点事，父母老师或亲朋好友会劝告说："做事要谨慎小心。""不要做没把握的事情。""你没这个金刚钻，就别揽那个瓷器活！"这些人虽然出于好心，但你如果相信了这些话，这时候你的大脑就会发出一种下意识的命令，阻止你去碰眼前的这些事。

只要我们敢于行动，我们都可以像下面故事中的新兵一样战胜怯懦。

直升机在高空中盘旋，一群士兵背着跳伞的装备，站在机舱门口，准备进行他们的第一次跳伞。

从高空中向下看，所有的景物似乎都小得不能再小，树木像一根针一样细小，海中的小岛也只有石头般大。

从空中跳下去，命运全部只维系在降落伞上的一根绳索上，

人性密码

稍有不慎，人就会像一个从高处落下的西瓜一样，脑袋开花。这群新兵想到这一点，不由得闭上眼睛，不敢再往下想。

气氛有点沉重，每个人连一句话都不敢多讲，不久，班长用手向站在最前面的新兵示意跳伞的动作，但是他迟迟没有反应。看着新兵脸上紧张的神情，班长贴着他的耳朵，大声喊着："你怕吗？"

新兵迟疑片刻，看着这一双紧盯着他的眼睛，想到这也许是自己这一生所看到的最后一个画面，于是，他老老实实地点了点头，小声地说："我很害怕。"

"偷偷告诉你，我也很害怕。"班长接着说，"但是，我们一定能完成这次跳伞任务，不是吗？"

听了这句话，新兵的心情豁然开朗，原来连班长也会感到害怕，每个人都会害怕，自己又何必为此而羞愧呢？

新兵深吸一口气，从高空一跃而下，顺利地完成了首次跳伞的任务。他和队友乘着风，缓缓地降落在地面上，成为一名不折不扣的伞兵。

许多年以后，菜鸟变成了老鸟，每当率领着新兵跳伞，老鸟也不忘在机舱口问一句："你怕吗？"

然后，他会用坚定的语气告诉新兵："我也怕，但是，我们一定做得到。"

害怕是人的正常情绪，压抑自己的害怕只会令你更加手足无措；你可以怕，但是不能输给眼前的敌人。

别让懦弱主宰你的生活

要学会自我暗示，更要有意识地锻炼意志品质。

有两位来自农村的姑娘，大学的同班同学常常嘲笑她们，甚至怀疑她们偷了别人的钱，她们想用真诚去感化他们，却没收到效果，只好保持沉默，整天早出晚归，不想见到他们。她们上高中时的学习一直很好，而现在却成绩下降了，精神也快崩溃了。

她们的苦恼，简单地说，是由生活环境的骤然改变而引发的。能够考上大学，足以说明她们的学习成绩比较优秀，凭着这一点，过去她们一定得到过别人的羡慕和自尊心的满足。但是来到大城市，进入大学，竞争对手更强了，她们在学业上未必还能保持原来的优势，而其他方面的"劣势"却暴露出来，比如"穷"与"土"。她们都说自己"自尊""要强"，其实这种境遇上的变化常常让人生出很强的懦弱来。正是这种懦弱，使她们在遇到不平时，采取了"躲"与"忍"的策略。但"躲"和"忍"并没有增加别人对她们的尊重，而尊重应是人与人之间平等交往的基础。

怯懦的弊端很多。怯懦者总是不敢大胆地去做一些事情，逐渐形成低估自己的能力，夸大自己的弱点的习惯，再没有信心去处理本来能够处理好的事情，即使他们很有潜力可挖。另外，由于怯懦使得他们遇事顾虑重重，精神压力很大，长此以往，可能引起焦虑、恐惧、神经衰弱等身心疾病。那么,如何克服怯懦这一性格缺陷呢?

首先,要学会自我暗示。怯懦性格者的最大弱点是过于畏惧和害怕,要克服这一弱点,就要借助气势的激励。对性格怯懦的人来说,要学会用自我打气、自我鼓励、自我暗示等方法来培养自己无所畏惧的气势。要善于发现和肯定自己的长处与成绩,提高对自我的评价和信心。

其次,要有意识地锻炼意志品质。在生活中有许多事情可以锻炼我们的意志品质。比如说制订了学习计划,一定坚持进行,每天早起朗读不间断,坚持锻炼,无论刮风下雨都不缺。班级里的工作既然承担了,就不要打"退堂鼓",即使刚开始时很困难,只要咬紧牙关,慢慢深入下去以后,你会发现,其实事情并不像你想象的那样艰难。只要成功几次,你一定会增强勇气和自信心的。

另外,不要害怕失败。许多人之所以怯懦,无非就是怕失败。但越怕就越不敢行动,越不敢行动就又越怕,一旦陷入这种恶性循环之中,怯懦不免就加深了。应该懂得:越是感到怯懦的事越要大胆去做,只要你能大胆去做,你才能战胜你的怯懦。

心理学家要求那些备受怯懦之苦的人讨论最深的恐惧是什么,以此找到怯懦的原因,并预测最坏的结果是什么样的。既然最坏的结果不过如此,你还担忧什么呢?只管去做好了。只是我们在做的过程中,一定尽量把事情做得更好就行了。

人身上的潜能是无穷无尽的,为什么绝大部分却处于休眠状态?主要是受心理上无形障碍的影响和阻碍。如果你想充分发挥你自己身上的潜能,想知道自己能胜任什么事,那就从现在开始,把你身上的无形障碍,也就是你害怕做的事,一项一项排排队,写在日记里,由易到难定个跨越计划。然后从第一件害怕做的事做起,直到不惧怕为止。这样每完成一项,你就跨越一个心理障碍,解去一根捆绑自己心灵的绳索,消除一次"我从未做过"的念头,擦去一个"我不敢做"的想法。

总之,如果你想成为一个成功的人,在困难和压力面前,怯懦是没有用的。只有不畏挫折和失败,不怕别人讥笑,坚持不懈,你才可以不断体验到成功的快乐和奋斗的乐趣。

别让别人偷走你的梦想

"不要让别人偷走你的梦"这句话,可能不是由戴克斯特发明的,但他却用这句话在听众心中激起波澜,使他们在与别人的交往中小心谨慎,唯恐别人会偷去他们的梦想。

几个世纪以来,"文字商人"们一直在推销"梦想"。20世纪60年代的美国黑人运动领袖马丁·路德·金又给"梦想"之词增加了更大的深意。马丁·路德·金在他著名的"山之极顶"的演说中宣布:"我有一个梦想。"

这个梦想深深地震动了美国人的心灵,这个梦想需要几百万个脚步去丈量。另外一个有着梦想,并看到梦想实现的人,是个喜欢抽雪茄的、精力充沛的小矮个,他的爱的源泉从未干涸过。他就是戴克斯特·雅各,一个有着极强的家庭观念和坚定的传统信仰的人。

人性密码

戴克斯特拒绝了耶鲁大学给他提供的奖学金，因为他急于开始走上通向成功的道路。他的自由企业梦想开始于一罐 Kool-Aid 饮料，这种饮料很快变得广受欢迎，并且利润极大。

这个早期尝到的成功使他完全相信了自由企业制度。戴克斯特还成功地干过汽车推销员，西尔斯公司等公司的内部推销员，还曾经是一个建筑公司的定量工作人员。

1965年戴克斯特和他忠诚的合伙人波德埃联合建立了艾姆卫广告公司，开始了事业上的突飞猛进；他们一直以巨大的热情投入到每天十几个小时的工作中，辛勤的劳动终于换来了梦想成真。今天，他们的公司已遍布全球，职员已达几万。

但是，戴克斯特的成功，并不仅归功于他组建艾姆卫之后所做的事情，还要归功于他早年建立的基础。这些基础就是以诚实、个性、爱心、忠诚、团结以及对上帝的信仰构成的精神支柱。

在戴克斯特的头脑里，他一直确信成功会向他招手，于是，他为此做好了充分的准备。当机遇来临时，他紧紧抓住，使梦想变成了现实。

戴克斯特知道他的梦想一定能实现，因为他的梦想从诞生起，就一直生机勃勃，充满活力。然后他培育它、浇灌它，使它渐渐长大、成熟。最后，它终于变得强壮有力，支撑戴克斯特取得了巨大的成功。

波德埃这样来总结他们的梦想和成功："如果你为自己要付出的和要做的设置了一个限度，那你就只能达到这个高度。"

"不要让别人偷走你的梦"这句话，可能不是由戴克斯特发明的，但他却用这句话在听众心中激起波澜，使他们在与别人的交往中小心谨慎，唯恐别人会偷去他们的梦想。

对戴克斯特和波德埃来说,他们很早就树立了他们的梦想,并赋予它强大的力量,使任何人都无法将它"偷"走。这些观念对他们起作用,也就同样会对你起作用。

扬起生活的风帆

生活的风帆需要勇气来吹动。

成长的小船在大海里无忧无虑地航行着,看起来快乐极了。蓝天,白云,不觉有一种想征服大海的冲动。但是船儿太小了,那想法也太单纯了,当汹涌的浪花卷起的时候,船儿便时沉时浮,随时面临被无情的浪花吞没的可能。

小船上只载着你一个人,一切的一切只能靠自己。如果在这时你还抱有幻想认为会有奇迹出现,那么盼来的只有失望。如果你绝望了,甘愿堕落,那么只有"梦想成真"。试问:为什么要等待?如果相信自己能行,分秒必争,谨慎地把握住自己的小船,那么摆脱困难的可能就有70%。

《南方周末》上有一篇报道,题目就很震撼人,叫《如果你们能活过18岁》。说的是在西安有两个12岁的双胞胎,金豆和银豆,他们都患有进行性肌营养不良症。这种病症的患者肌肉功能会渐次关闭,如同黑雾,由四肢向五脏六腑包围,直至呼吸衰竭而终。此病的发病率为1/300000。通常情况是,四五岁发病,12岁瘫痪,18岁死亡。这是现代医学尚不能有效医治的一种病症，医生说他们都很难活过18岁。他们的妈妈薛芙蓉是个平常而又不平凡的母亲。她全力以赴为孩子四处奔波，寻医找药，从电线杆广告到国外医疗信息都不肯放过，因为她有这样一个想法："5~10年之内，定会有办法。"为此，"我们必须在体力和精神上做好准备"。

这位母亲的想法无疑是正确的，但要化作行动还必须有坚强的精神、乐观的心态和无比的勇气。她的孩子也一样。只要坚持，就有希望。

生活是需要勇气的，因为生活的未知因素，我们终生奋斗，终生追寻，终生强求，其实人生的结局、富贵早已定好了的，我们走的只是过程罢了。之所以增加了未知的谜，是让我们有一种活着的勇气、力量、希望，虽然这种勇气、力量、希望到头来还是一场空。如果知道谜底了，恐怕我们连活着的勇气也没有了，命运就是这样的残酷，这样的玄妙，这样的捉弄你我。

春秋时候，楚国斯思（今河南淮滨东南）的一个小村庄里，生活着一个叫孙叔敖的少年。他敦厚质朴，聪明能干，又很乐于帮助他人。

有一年盛夏，天热得叫人透不过气，毒辣辣的太阳烤得人头晕眼花。许多村里人干了一天农活回家后都中暑躺倒了。听着大家痛苦的呻吟声，孙叔敖心里难过极了，怎样才能帮帮大伙儿呢？

他突然记起一本药书上讲到，有一种草药煮了可以解暑，村边山上正好就有这种草药，自己何不去采一点回来试试。想到这儿，孙叔敖马上戴上斗笠，扛起长柄药锄，急匆匆向村外的高山跑去。山势崎岖，孙叔敖顺着山脊的背阳处，踏着高低不平的山路搜寻着。突然，他双眼一亮，前面大石旁正长着一些要找的草药。

孙叔敖心中一喜,急忙往前迈步。突然,"嗖"地一声,身边灌木丛里窜出一条蛇,昂着两只三角脑袋,嘶嘶地吐着舌信。孙叔敖想起村里老人的话:双头蛇是阎王爷的坐骑,见了它的人准活不到第二天。孙叔敖顿时乱了方寸,扭头就往回跑,可是跑着跑着,他慢慢停下了脚步,想:"自己反正是要死了,跑有什么用?如果别人再看到这条蛇,不也活不成了吗?不行,一定得打死它!"想到这儿,他定了定神,用力攥了攥手中的药锄,坚定地走了回来。

那蛇还在原处盘着,晃着两只脑袋逞威风。孙叔敖一个箭步冲上前,抡起药锄狠狠地打了下去,一连几锄,两头蛇便送了命。他又马上刨了一个深深的土坑,把死蛇埋了起来,然后飞快地采下一大捧草药,向山下跑去。

喝了草药汤,大伙儿都感觉好多了。可是,孙叔敖想到自己已活不到明天,不由得闷闷不乐。细心的母亲马上注意到了,经过询问,孙叔敖把白天发生的事一口气讲了出来。孙夫人听完慈爱地笑着说:"傻孩子,你做得对!无论做什么事都应该替别人着想。你的担心是多余的,谁听说过看一眼什么恶物就会死人的?你细想想就明白了。"听了妈妈的话,孙叔敖这才恍然大悟,不好意思地笑了。

生活的风帆需要勇气来吹动。张海迪虽然残疾了,但她仍然热爱生活,没有放弃对理想的追求,坚强地活了下来,并且取得了世人瞩目的成绩。出生19个月就失去视力和听力,不久又变哑的海伦·凯勒,最终能成为一个作家,也是因为她没有丧失对生活的信心。她们作为残疾人,都能坦然面对生活,我们身为健康的人,难道不应该扬起生活的风帆吗?

人性密码

付诸行动，用行动改变未来

世界上有两种人：空想家和行动者。空想家们善于谈论、想象、渴望，甚至设想去做大事情；而行动者则是去做！在追求幸福和成功的途中，很多人茫然不知所措，其实，正是因为缺乏了那样一种行动的力量，才会失去上进的努力，所以，如果你把自己要做的每一件事都摆出来，告诉自己，我要去做，而且要做就要做到最好，你就会尽自己一切的心力和行动，这样追求的幸福，最后会以期待的效果让你满足。

美国前第一夫人希拉里·克林顿在4岁的时候，全家从外地搬到芝加哥郊区的帕克里奇居住。来到一个新环境后，活泼好动的希拉里急于交上新朋友，但很快她就发现这并非易事。每当她到外面去玩耍时，邻居的孩子们不是嘲笑她就是欺负她，有时还将她推来推去或将她打倒在地。每当这时她都会哭着跑回家去，再也不出家门了。

希拉里的母亲静静地观察了几周，终于有一天，当希拉里又一次哭着跑回家时，母亲站在门口挡住了她的去路。她大声对希拉里说："回去勇敢地面对他们，我们家里容不得胆小鬼。"希拉里只得又硬着头皮走出家门，这让那些欺负她的孩子大吃一惊，他们没料到这个小丫头会这么快又回来。最后，希拉里终于以自己的勇气赢得了新朋友。在以后的岁月里，每当遇到困难与挫折时，希拉里都会鼓起勇气，大胆地迎接挑战。

希拉里的故事告诉我们，勇气是你表现自己的第一步。

世界上有两种人：空想家和行动者。空想家们善于谈论、想象、渴望，甚至于设想去做大事情；而行动者则是去做！你现在就是一位空想家，似乎不管你怎样努力，你都无法让自己去完成那些你知道自己应该完成或是可以完成的事情。不过，不要紧，你还是可以把自己变成行动者的。意识决定行为，行为产生习惯，习惯形成性格，性格影响命运！一个动作，一种行为，多次重复，就能进入人的潜意识，变成习惯性动作。人的知识要积累才能增长，而行为不断重复的结果时间自然会告诉你。

你已经知道空想家与行动者之间的区别就在于是否进行了持续而有目的的实际行动。实际行动是实现一切改变的必要前提。我们往往说得太多，思考得太多，梦想得太多，希望得太多，我们甚至计划着某种非凡的事业，最终却以没有任何实际行动而告终。

所以，你还在等什么呢？今天就付诸实际行动吧！

只有一步之遥

有句广告语说得好，年轻没有失败，如果你真的失败了，记住，打败你的不是别人，而正是你自己。

有一个很经典的小故事：

从前有一个国王，他想委任一名官员担任一项重要职务，于是就召集了许多聪明机智和文武双全的官员，想看看他们谁能胜任。

国王说："我有个问题，想看看谁能解决它。"国王领着这些人来到一扇大门——一扇谁也没见过的巨大的门前。

"你们看到的这扇门，不但是最大的，而且是最重的。你们之中有谁能把它打开？"

许多大臣见到大门摇头摆手，有的走近看看，有的则无动于衷。只有一位大臣，他走到大门处，用眼睛和手仔细检查，然后又尝试着各种方法。最后，他抓住一条沉重的链子一拉，巨大的门开了。

国王说："你将要在朝廷中担任要职！"

其实，大门并没有完全关死，那一条细小的缝隙就隐藏在严密的假象中，任何人只要仔细观察，再加上有胆量去试一下就能打开。

勇气常常是盲目的，因为它没有看见隐藏在暗中的危险与玄机。因此，勇气不利于思考，但却有利于实干。因为在思考时必须预见到危险，而在实干中却必须不顾及危险，除非那危险是毁灭性的。

生活中，我们难免遇到很多挫折和失败，当不幸来临的时候，有的人失去生活的勇气，而有的人却能在其他方面汲取力量，从而获得成功。

勒格森是非洲一个贫困村落长大的孩子，在他十六七岁时，从传教士那里读了林肯和华盛顿的故事，这些故事深深地打动了他，他决心像心目中的英雄那样，成为一个能改变世界，服务于全人类的人。不过,要实现自己的目标,他知道首先要到美国去读大学。

于是,他带了5天的干粮就上路了,走了5天,才走了25英里,而食物已吃光了。他依靠吃野果和野生植物维持生命。艰苦的旅途使他变得又瘦又弱,一次高烧还差点要了他的命。虽然很多次他都想放弃,但每次翻开那两本书,读着那些熟悉的语句,他又恢复了前进的信心。

15个月后,他走了近1000英里,到达了乌干达首都坎帕拉。这时他不但身体健壮了起来,也懂得了谋生的方法。他在坎帕拉呆了6个月,干点零活,一有空就到图书馆,贪婪地读着各种书籍。

他按书里的地址向华盛顿的斯卡吉特学院写了一封信,诉说了自己的境况和梦想,希望申请奖学金。很快他就收到了回信,斯卡吉特学院的院长被这个年轻人的决心深深地感动了,不仅接受了他的申请,还向他提供了一份工作。后来,传教士帮他拿了护照。但他根本买不起到美国的机票。他的钱只够买一双新鞋,使自己不必光着脚走进大学。

几个月后,他的故事已在非洲大陆和华盛顿流传开了,斯卡吉特学院的同学们给他寄了650美元,用以支付他来美国的费用。经过两年多的行程,勒格森终于走进了斯卡吉特学院。

后来,勒格森不但在著名的剑桥大学当了一名政治学教授,还是一位受尊重的作家。

生活中,更能够给我们勇气的往往正是我们自己。有一位跨国公司老总,在一次员工大会上讲述了他在美国留学打工时的求职经历。

人性密码

刚到美国时，我和许多中国留学生一样，在未拿到美国人承认的文凭之前，只有靠体力在餐馆、货场打工来维持自己的学业。半年后，我对这种在美国最底层的打工生活感到厌倦和不满，急切地想换换环境。

一天，我在报纸上看到有位教授想招聘一名助教的广告。心想：做助教，薪水不菲，还有利于自己的学业，于是他报了名。经过筛选，共有36人取得了报考资格，其中包括我在内的5名中国留学生。入围者都在暗暗叹息希望太渺茫了，甚至有人想退出。就在我一头埋进图书馆里查阅资料为决赛做准备时，另外4名入围的中国留学生退出了决赛，因为他们刚刚打听到，这位教授曾在朝鲜战场上当过中国人民志愿军的俘虏，肯定会对中国人存有偏见，而不予录取。

听到这个不祥的消息，我不由得惊出一身冷汗。大家也都劝我放弃这场注定失败的考试，还不如趁早去寻找别的机会。在失望之中我逐渐冷静了下来，坚持一定要搏一搏："就是教授真的对中国人有偏见，我也应该用行动证明给他看，我是优秀的。"

考试那天，我镇定自若地回答教授的提问。最后，教授对我说："OK，就是你了。""我真的被录取了？为什么？"我感到非常意外。教授说："是的，其实你在他们中并不是最好的，但你不像其他入围的中国学生，连试一下的勇气都没有。我聘你是为了我的工作，只要你能胜任我就会聘用。"

事实证明，在后来的工作中，我与教授配合得非常默契。一次，我俏皮地问教授："您真的当过中国人的俘虏？"

教授说："我确实在朝鲜战场上当过中国人的俘虏，不过当时志愿军战士对我非常好，这让我很感动，也一直念念不忘。

所以，我对中国人没有偏见，相反，很有好感。"

有句广告语说得好，年轻没有失败，如果你真的失败了，记住，打败你的不是别人，而正是你自己。

第六章
突破常规：
不要过一成不变的生活

我们总是经年累月地按照一种既定的模式运行，从未尝试走别的路，这就容易衍生出消极厌世、疲沓乏味之感。所以，不换思路，生活也就乏味。立刻行动、一心趋向目标、不墨守成规、遵从自己的行动规则和做事的风格，注定会取得理想成绩。

第六章 突破常规：不要过一成不变的生活

不能自己给自己设限

在别人看来不可能的事，如果当事人能从潜意识去认可"可能"，也就是相信可能做到的话，事情就会按照那个信念的强度，而从潜意识中激发出极大的力量来。

在别人看来不可能的事，如果当事人能从潜意识去认可"可能"，也就是相信可能做到的话，事情就会按照那个信念的强度，而从潜意识中激发出极大的力量来。这时，即使表面看来不可能的事，也能够做到了。

在我们做每一件事情的时候，都不应该被固有的思维定式锁住。很多事情往往就是这样：就好比一个人丢了东西后，如果他认定是自己的邻居偷走的，那么在以后的生活里，他会越来越觉得他的邻居就是偷东西的贼。如果我们认定了某件事情，那么我们的潜意识就会支配我们向我们认定的那个方向去做事。

如果被固有的思维定式锁住，我们每个人都会像下面故事当中的人一样。

一天，死神向一个城市走去。一个人看到他急忙问道："你要去干什么？"

"我要去带走这里的9个人。"死神回答。

"真是太可怕了！你不做这样的坏事不行吗？"这个人说。

"这是我的职责。"死神说。

这个人赶紧跑去提醒所有的人："死神即将来临，它要带走9个人！"

数月后，这个人又碰到了死神。"你明明告诉我，只带走

9个人,为什么我们这里死了一百多人?"

死神想了想说:"我只能说,这世界上有个东西比我更厉害!"

如果我们已经认定自己就是要被死神带走的人,我们真的有可能随时与死神碰面。

有多少"思维枷锁"

敢于跳出条条框框,多一份感性想象,多一些理性假设,往往会取得意料不到的好结果。

让我们来看看一些有影响的人曾经有过的断言:

"没有理由让某个人在家中配备一台计算机。"(1979年)——肯尼斯·奥尔森,DEC(数字设备公司)的奠基人和总裁。

"飞机是个有趣的玩具,但没有军事价值。"(1911年)——斐迪南·福煦,法国陆军元帅,军事战略家,第一次世界大战指挥官。

"无论将来科学如何发达,人类不可能登陆月球。"(1967年2月25日)——李·德弗雷斯特博士,三极管发明人和无线电之父。

"(电视)上市6个月之后,不可能还有市场。每天盯着个三合板盒子,人们很快就会厌烦。"(1946年)——达里尔·扎努克,20世纪福克斯公司总裁。

"我们不喜欢他们的声音。再说,吉他乐队也正在退出舞台。"(1962年)——英国德卡唱片公司拒绝了披头士乐队。

"对于大部分人来说,吸烟是有益的。"(1969年11月

18日）——《新闻周刊》援引洛杉矶外科医生G·麦克唐纳博士的话。

"这个电话缺点太多，无法作为通信工具。这种玩意儿对我们没什么用。"（1876年）——西方联合公司的《内部备忘录》。

"地球是宇宙的中心。"（公元2世纪）——托勒密，古埃及天文学家。

"今天没发生什么重要的事。"（1776年7月4日，美国独立日）——英皇乔治三世。

"所有能够发明的，都已经被发明了。"（1899年）——查尔斯·杜埃尔，美国专利局局长。

后来的事实证明，这些断言愚蠢之极。其实这些断言失败的原因就在于说出这些话的人不能突破自己的思维定式。

思维定式的弊端就在于，当我们面临新情况、新问题而需要开拓创新的时候，它就会变成"思维枷锁"，阻碍新观念、新点子的构想，同时也阻碍头脑对新知识的吸收。正如法国生物学家贝纳所说："妨碍人们学习的最大障碍，并不是未知的东西，而是已知的东西。"

心理学家曾经设计这样一种思维游戏：

木桌面上摆着一张10美元的钞票，钞票正中压着一把竖直放着的没开刃的菜刀，菜刀上支撑着一个横过来的木杆，木杆两端系着两个半衡锤一样的东西，稍微晃动就会倒下来。现在要求游戏者在保持木杆平衡的前提下，把10美元的钞票取出来。经过多次尝试，游戏者们发现，不管怎样小心翼翼，要想不碰倒木杆而取出那张钞票几乎是不可能的。其实解决这个问题有一个极为简单的办法，那就是把钞票撕开，从刀刃压着的地方撕开，就能轻而易举地取出钞票。然而绝大部分游戏者都因为想不到这个方法而一筹莫展。由此可见，在现实生活中，人们已经不自觉地对钞票产生了一种尊崇的心理，而不把它看作只是一张纸，因而从没有想到要去撕破它。这种思维定式在一定条件下就可能显露出来，并构成创新思维的障碍。

有一个很经典的智力测试题是这样的：

有一列火车，从一个车站发出。车上有 1297 人，过了一站上来 46 个、下去 124 个，又到一站上来 153 个下去 245 个，又过了一站上来 97 个下去 89 个，又过了一站上来 765 个下去 354 个，又过了一站上来 92 个下去 108 个，又过了一站上来 44 个下去 88 个，又过了一站上来 55 个下去 67 个……如此一直到七八站以后。问题是：火车一共走了多少站？

这个题目只能口述，不能用笔写。要求被测试的人用心算。

结果绝大多数人都回答不出这个问题。为什么这么简单的题目会有那么多人答不上来？主要是因为大多数人把精力都忙于去计算车上的人数了，根本不会注意到车究竟走了多少站。这就是一种思维定式！一开始你告诉他要考核他的心算能力的时候，他就把注意力完全放在数字上，很难去注意数字之外还有要心算的东西。

我们在日常生活中就经常会犯这种错误，这就好比看魔术表演，不是魔术师有什么特别高明之处，而是我们大伙的思维过于因袭习惯之势，想不开，想不通，所以上当了。比如人从扎紧的袋里奇迹般地出来了，我们总习惯于想他怎么能从布袋扎紧的上端出来，而不会去想想布袋下面也可以做文章，比如装拉链。

有的时候，我们的知识、见识或者过往经验会成为我们了解真相的障碍。而解决这一矛盾现象，就迫切需要我们打破一些固有观念和思维方式，敢于跳出条条框框，多一份感性想象，多一些理性假设，往往会取得意料不到的好结果。

第六章 突破常规：不要过一成不变的生活

做一个"破坏者"

　　人生不能一味地按着某种教条度过，人生需要变革，变革才是成功的源泉。

　　在英国，有些公职采用世袭制，因此常常在一些人事安排工作上出现墨守成规的情况，有的甚至还很荒唐。

　　在通往英国下议院入口处的一个扶梯旁边，一直有一位服务员站立着。据说，他站在那里至少也有20年以上的历史了。可是，人们却不知道他的具体工作到底是什么？后来，经过一些好事者寻根探源，才发现之所以设立这个职位，是由于当年扶梯刚刚油漆一新，需要有个人在扶梯旁招呼大家不要从这里走上去。时间是从目前这个服务员的祖父时代开始的，传到他已属第三代了。

　　生活中这么荒唐可笑的事情并不多，但是很多人都有各种各样的思维定式，他们用条条框框圈住自己的头脑，不肯创新。人一旦形成了习惯的思维定式，就会习惯地顺着定势的思维思考问题，不愿也不会转个方向、换个角度想问题，这是很多人的一种愚顽的"难治之症"。

　　任何事都不是一成不变的，用变的眼光去把握一切，你才会获得新生！传说公元前213年冬天，马其顿亚历山大大帝进兵亚细亚。当他到达亚细亚的弗吉尼亚城，听说城里有个著名的预言：几百年前，弗吉尼亚的戈迪亚斯王在其牛车上系了一个复杂的绳结，并宣告谁能解开它，谁就会成为亚细亚王。自此以后，每年都有很多人来看戈迪亚斯打的结子。各国的武士

-111-

和王子都来试解这个结,可总是连绳头都找不到,不知从何处着手。

亚历山大对这个预言非常感兴趣,命人带他去看这个神秘之结。幸好,这个结尚完好地保存在朱庇特神庙里。

亚历山大仔细观察着这个结,许久许久,始终连绳头都找不到。

这时,他突然想到:"为什么不用自己的行动规则来打开这个绳结!"

于是,他拔出剑来,一剑把绳结劈成两半,这个保留了数百年的难解之结,就这样轻易地被解开了。

立刻行动、心趋向目标、不墨守成规、遵从自己的行动规则和做事的风格,注定会取得理想成绩。人生不能一味地按着某种教条度过,人生需要变革,变革才是成功的源泉。创新才是生命前进的动力。

何一在没出国之前,是国内一所音乐学院的高材生,可是他刚到美国时,却必须每天到街头拉小提琴赚取学费。很幸运,何一和一位认识的黑人琴手一起争到了一个最能赚钱的好地盘——华尔街一家繁华商业厅的门前。

何一很能吃苦,过了一段时间后,他挣足了一笔学费,就和那个黑人琴手告别。因为他有一个理想:要进入名牌大学深造,当初出国就是为了能够聆听世界级音乐大师的教诲。于是何一把全部的时间和精力都投入到提高音乐素养和琴艺中。

几年后,何一在音乐领域已有颇深的造诣。有一天他路过那家繁华商业厅的门口,发现昔日的老友——那位黑人琴手,仍在那最赚钱的地方拉琴。当那个黑人琴手看见何一突然出现时,很高兴地说道:"老兄啊,你现在在哪里拉琴啊?"何一回答了一个很有名的音乐厅的名字,那位黑人琴手继续问道:"那家音乐厅的门前也是一个好地盘,很能赚钱的吗?"他哪里知道,此时的何一,已是蜚声国际乐坛的音乐家,他经常应邀在

第六章 突破常规：不要过一成不变的生活

著名的音乐厅中登台献艺，而不是在门口拉琴卖艺！在生活的旅途中，我们总是经年累月地按照一种既定的模式运行，从未尝试走别的路，这就容易衍生出消极厌世、疲沓乏味之感。所以，不换思路，生活也就乏味。

可能在你的头脑里，有许许多多的清规戒律，诸如"决不许……""千万别……"之类的规矩，这些清规戒律都是社会教给你的，对于维护社会秩序是完全必要的，但是有时候，你不妨冲击它们一下，如果不便于在行动上，至少在内心冲击一下，体验体验"破坏者"的滋味，为以后的创新思维做些铺垫。

完成人生的一个超越

很多时候，你与成功失之交臂都是因为你冲不破你的思维定式，尽管你也已经那么接近成功。

一家知名广告公司招聘策划人员，张诚也加入了应聘的队伍。通过笔试和面试后，张诚和另外两位求职者得到复试的机会。直到复试那天张诚才知道，主考官是公司的艺术总监杰克·杨。

杰克·杨在自己办公室接待了3位求职者，但是他并没像其他考官一样，出一些奇怪的测试题，也没有立即考核他们的创造力，而是大手一挥，让张诚他们跟着他一起上十楼的董事长办公室。杰克·杨的办公室在六楼，张诚和两位求职者只得跟着爬楼。

楼梯很窄，杰克·杨在前面慢悠悠地走，3位求职者跟在后面。他们想要保证比较正常的速率前进，但是受到了不小的牵制，

-113-

没人主动超越杰克·杨。走着走着,大家的心情很急躁,但是都刻意地压抑着。

从六楼爬到八楼,两层楼的距离花了平时3倍的时间。杰克·杨依旧一声不响地走在前面,全然不顾身后求职者的表情。快到九楼时,性急的张诚终于按捺不住了,一个箭步超过了杰克·杨。很快,张诚就捷足先登,爬到了十楼。不过令张诚惊讶的是,整个十楼是用来做仓储的,根本没有什么董事长办公室。

就在张诚感到茫然不解时,其他3人也已经到了十楼。张诚看到另外两位求职者暗里还在不住摇头,对张诚的沉不住气表示惋惜。不过,杰克·杨宣布的录用结果却大出他们所料——张诚最后被留了下来,杰克·杨的理由是:干广告这一行,需要超越和创新,如果墨守成规、没进取心,那不是公司需要的人才……

同样是参加复试,只因为张诚敢于超越主考官,他获得了那个职位。另外两个应聘者也一样可以做到,但是他们却不敢做,或者说,他们受到某种观念的影响,压根就没想过要超越主考官。

很多时候,你与成功失之交臂都是因为你冲不破你的思维定式,尽管你也已经那么接近成功。

丽贝卡在爱达荷州麦迪逊中学读高一的时候,有一次班上传学校盛装游行的报名表,丽贝卡和许多同学都签了名。她的邻座琳达却直接将报名表传给别人,没有签名。

"签名呀,琳达。"丽贝卡坚持要她签。

"哦,不,我不行。"

"来吧,很有趣的。"

"真的不行,我不是那块料。"

"不,你当然行,我觉得你很棒!"

在丽贝卡和其他女孩的不断鼓励下,最后她签了名。

丽贝卡没有再多想这件事。然而,7年以后她收到了琳达的一封信,描述她那天的内心斗争和对丽贝卡的感激,感谢丽贝卡的鼓励改变了她的生活。琳达在中学一直有一种自卑感,那天丽贝卡居然认为她是盛装游行的合格候选人,令她大吃一惊。她最后同意签名,只不过是想摆脱同学罢了。

琳达说,参加盛装游行如此令她不安,她第二天就去找了盛装游行的指挥,要求撤销她的报名。与丽贝卡一样,指挥也坚持琳达应当参加。

无奈之下,琳达同意了。

但是,这起了作用。琳达勇敢地参加了一个要求她展现最佳自我的活动,由此她开始从一个新的角度看自己。琳达在信中衷心感谢丽贝卡。因为是丽贝卡取下她扭曲了的眼镜,打碎它,坚持让她去尝试一副新的眼镜。

琳达说,虽然她从未赢得任何头衔或奖状,但是她克服了更大的障碍:自卑感。由于她的带头,她的两个妹妹后来也参加了盛装游行。盛装游行在她家成了一件大事。

琳达接着说,盛装游行过后的第二年,她成了一个学生组织的骨干分子,并养成了活泼外向的性格。

琳达是幸运的,因为她的身边有那么多的朋友帮助她一起完成了超越。

别被习惯束缚我们的思想

很多人走不出思维定式,所以他们走不出宿命般的可悲结局;而一旦走出了思维定式,也许可以看到许多别样的人生风景,甚至可以创造新的奇迹。

中国古代有句话:"江山易改,本性难移。"古人以服从

人性密码

为美德,而今人在崭新的创新当中,仍含有古人脑中之极旧成分。

在自然经济条件下,千百年来的农业呈现一种简单循环的模式,春种、夏管、秋收、冬藏,年复一年,周而复始,基本上是简单的再生产。这种世世代代循环反复的生产活动,必然导致生活方式也是简单的重复和循环,人们的思想认识由此也带上了因循守旧、墨守成规的色彩。

古代中国之所以发展缓慢,无疑是"道统"二字仍留在人们脑中,排也排不动,割也割不掉。淳朴的中国人民早已习惯传统的思想观念,不会创新,也不愿创新。

很多人走不出思维定式,所以他们走不出宿命般的可悲结局;而一旦走出了思维定式,也许可以看到许多别样的人生风景,甚至可以创造新的奇迹。

大航海家哥伦布发现美洲后回到英国,女王为他摆宴庆功。酒席上,许多王公大臣、名流绅士都瞧不起这个没有爵位的人,纷纷出言相讥。

"没有什么了不起,我出去航海,一样会发现新大陆。""驾驶帆船,只要朝一个方向航行,就会有重大的发现!""太容易了!女王不应给他这样的奖赏。"

这时,哥伦布从桌上拿起一个鸡蛋,笑着问大家:"各位尊贵的先生,哪位能使这个鸡蛋立起来?"于是一些自以为能力超群的人物纷纷开始立那个鸡蛋,但左立右立,站着立坐着立,想尽了办法,也立不住椭圆形的鸡蛋。

"我们立不起来,你也一定立不起来"!大家把目光盯住哥伦布。

哥伦布拿起鸡蛋,"砰"的一声往桌上磕了一下,大头破了,鸡蛋牢牢地立在桌子上。

众人嚷道:"这谁不会呀!这太简单了!"哥伦布微笑着说:"是的,这很简单,但在这之前,你们为什么想不到呢?"

哥伦布因为敢于突破思维定式而发现了新大陆,那么我们还要继续生活在条条框框里吗?

在现实的生活中,我们存在于社会里,自然而然地形成了种种习惯,物质的和思维的。而思维的习惯,往往束缚着思维的发散,看问题仅限于习惯的角度,理所当然地认为是这样会那样,引自己进入误区,出现了种种"不可能"。

人以习惯生活,但我们千万不能让习惯束缚了我们的思想。

父子俩住在山上,每天都要赶牛车下山卖柴。老父较有经验可眼睛不好,耳朵也有点背,坐镇驾车,山路崎岖,弯道特多,儿子眼神较好,总是在要转弯时大声提醒道:"爹,转弯啦!"

有一次父亲因病没有下山,儿子一人驾车。到了弯道,牛怎么也不肯转弯,儿子用尽各种方法,下车又推又拉,用青草诱之,牛一动不动。

到底是怎么回事?儿子百思不得其解。最后只有一个办法了,他左右看看无人,贴近牛的耳朵大声叫道:"爹,转弯啦!"牛应声而动。

尝试突破吧。从舞剑可以悟到书法之道,从飞鸟可以造出飞机,从蝙蝠可以联想到电波,从苹果落地可悟出万有引力……因此,常爬山的应该去涉涉水,常跳高的应该去打打球,常划船的应该去驾驾车,常当官的应该去为民。换个位置,换个角度,换个思路,也许我们面前是一番新的天地。

选择合适的思维定式

思维定式并不是只有弊端,它的好处在于:我们用来处理日常事务和一般性问题的时候,能够驾轻就熟、得心应手,使问题得到圆满解决。

人性密码

法王路易十六被赶下王位,关在牢中,其年轻的王子则被赶国王下台的那帮人带走。他们想,王子是王位继承人,若能在道德上把他摧垮,那他永远也无法实现生活赋予他的伟大使命。

他们把王子带到遥远的社区,让那男孩接触各种卑鄙邪恶的事物。提供让他沦为饕餮之徒的各种美味,让他成天听粗鄙之言、接触淫荡猥亵的妇女,处处是不讲信誉、卑鄙无耻。一天24小时让他处于这种环境之中,要让其灵魂受到诱惑而堕落。接连6个月都如此,但是这男孩没有一时一刻屈从于压力。在这种种诱惑之后,他们最后问他,为何他能抵抗所有这些诱惑?为何他能不沦落其中?这些事物能提供欢娱,能满足欲望;它们就在那儿,唾手可得。那男孩答道:"我无法这么做,因为我生来就是做国王的。"

王子坚持有关自己的思维定式,任何事物都无法动摇它。同样,如果你在生活中戴着上面写有"我能做到"或"我在乎"的眼镜,这信念将使每件事显得更加美好。

生活中,如果把信念当作思维定式,其结果一定是有助于我们走向成功。只要不是因循守旧、墨守成规的思维定式,我们也应该适当提倡。所谓熟能生巧,思维定式也是提高效率的一种途径。

为了避免墨守成规,在这里把菲茨吉本的5点提示告诉大家:

(1)把你的所作所为和你遇到的所有问题记下来。尽管我们可以从中汲取经验,但我们往往会忘记发生过的事情。例如,如果你要与一个难对付的顾客打交道,不要试图忘记这件事,而是要考虑你怎样才能以不同的方式来应对这种处境。

(2)每天专注于一个问题,比如袋泡茶或一支钢笔。想想看,除了原有用途之外,它还可以派上什么用场。

(3)当你想起来的时候,随时记录你的梦想。有迹象表明,梦想的功能之一就是帮助我们解决问题或摆脱问题。

（4）想象一下，你会如何通过别人的眼睛看待你周围发生的事情。每个人都把自己的规则应用于世界，因此，通过别人的视角看问题意味着你暂时放弃自己的规则，而采用别人的规则。

（5）最后，每天留出一段酝酿变化的时间。我们往往会发现，面对问题，我们束手无策。这有助于让我们停顿下来，然后重新面对问题，这叫内省。你可以在闲散一段时间之后解决某个问题。

第七章
人生定位：
有目标才能不断超越

如果人生没有目标，就好比在黑暗中远征。人生要有目标，一辈子的目标，一个时期的目标，一个阶段的目标，一个年度的目标，一个月份的目标，一个星期的目标，一天的目标……一个人追求目标越高越直接，他进步得越快，对社会也就会越有益。

目标是人生的灯塔

一个人如果没有明确的目标以及达到这些目标的明确计划，不管他如何努力工作，都像是一艘失去方向舵的轮船。

在人生的竞赛场上，没有确立明确目标的人，是不容易得到成功的。许多人并不缺乏信心、恒心、智力和能力，只是没有确立目标或是选准目标，所以没有取得预期的成功。爱因斯坦根据自己的特长确立目标并一直为之奋斗，最终取得巨大的成就，就充分说明了确立目标的重要性，从某种意义上说，目标决定成败。

法国博物学家让·亨利·法布尔经过反复观察发现，巡游毛虫在树上的时候，往往排成长长的队伍前进，由一条虫带队，其余的毛虫则紧紧跟着，心无旁骛，鱼贯而行，从不分离。于是法布尔就把一组毛虫放到一个圆形大花盆的盆沿上，使它们首尾相接，排成一个圆形。这些毛虫开始行动了，像一个长长的游行队伍，没有头，也没有尾。法布尔在毛虫队伍旁边摆了一些食物，如果毛虫想吃到食物就必须解散队伍，不再一条接一条前进。法布尔预料，毛虫很快会厌倦这种毫无用处的爬行，而转向食物，可是毛虫没有这样做，依然有序地、执着地循序环行，一直以同样的速度沿着花盆边沿走了7天7夜，直到饿死为止。

这个小实验经常被成功学家们作为著名例证，用以说明没有目标的一生漫游，是不会成功的。没有确定人生目标的人，正如这些毛虫一样随波逐流空耗人生。毛虫们遵循的是它们的本能、习惯、传统、惯例、过去的经验，或者随便你叫它什么好了。它们没有自己的目标，只是盲目地"跟进"，尽管工作很努力,生活很忙碌,但最终是一事无成,还落了个饿死的下场。所以用这么个"有点残忍的实验"来劝说人们要树立人生目标,的确是再有说服力不过了。

有一年,一群意气风发的天之骄子从美国哈佛大学毕业了,他们即将开始走向社会。他们的智力、学历、环境条件都相差无几。在临出校门前,哈佛对他们进行了一次关于人生目标的调查,结果是这样的:

27%的人没有目标;60%的人目标模糊;10%的人有清晰但比较短暂的目标;3%的人有清晰且长期的目标。

25年的跟踪研究结果,他们的生活状况及分布现象十分有意思。

那些占3%者,25年来几乎都不曾更改过自己的人生目标。25年来他们都朝着同一方向不懈地努力,25年后,他们几乎都成了社会各界的顶尖成功人士,他们中不乏白手创业者、行业领袖、社会精英。

那些占10%有清晰短期目标者,大都生活在社会的中上层。他们的共同特点是,那些短期目标不断被达成,生活状态稳步上升,成为各行各业不可或缺的专业人士。如医生、律师、工程师、高级主管,等等。

其中占60%的模糊目标者,几乎都生活在社会的中下层,他们能安稳地生活与工作,但都没有什么特别的成绩。

剩下27%的是那些25年来都没有目标的人群,他们几乎都生活在社会的最底层。他们的生活都过得不如意,常常失业,靠社会救济,并且常常都在抱怨他人,抱怨社会,抱怨世界。

其实,现实生活中,大多数人都在这个事例的范围中。一个人如果没有明确的目标以及达到这些目标的明确计划,不管他如何努力工作,都像是一艘失去方向舵的轮船。如果一个人并未在心中确定他所希望的明确目标,那么,他又怎能知道他已经获得了成功呢?

第七章 人生定位：有目标才能不断超越

激发潜能的动力

伟大的目标构成伟大的心灵，伟大的目标产生伟大的动力，伟大的目标形成伟大的人物。

如果人生没有目标，就好比在黑暗中远征。人生要有目标，一辈子的目标，一个时期的目标，一个阶段的目标，一个年度的目标，一个月份的目标，一个星期的目标，一天的目标……一个人追求目标越高越直接，他进步得越快，对社会也就会越有益。有了崇高的目标，只要矢志不渝地努力，就会成为壮举。

如果将心理学家的结论用哲人的语言来表达，那就是，伟大的目标构成伟大的心灵，伟大的目标产生伟大的动力，伟大的目标形成伟大的人物。

20世纪初，美国有个叫富兰克林的年轻人，他确立的人生目标是当美国总统。1910年，他当选为纽约的参议员；1913年，任海军部助理部长；1920年他出任了民主党副总统候选人。1921年在他39岁时突染重病，他成了一个双腿不能活动的残疾人，但是富兰克林并没有因此放弃当总统的目标。

他制订了一个旁人看来十分笨拙的身体复原计划——从练习爬行开始。为了激励自己的意志，每次练爬的时候他都把家人、佣人叫到大厅来看。他说："我不需要掩盖自己的丑态"。他虽然用尽全力爬得汗如雨下，却还赶不上刚会走的小儿了。他的妻子后来回忆说："见他这样就像有千把尖刀刺在我的心上，可是他从来不听劝阻，坚持到底"。将近7年的坚持苦练，他终于能够站立起来，虽然仅仅能够站立1小时。1928年他竟

人性密码

选纽约州州长成功，1933年3月4日就任了美国第32任总统，终于实现了他的梦想。他同时于1936年、1940年、1944年破例三次连任，成为美国历史上任期最长的总统。是他实行新政先将美国从经济的大萧条中解脱出来，之后又带领美国向法西斯宣战，同全世界一起取得了第二次世界大战的胜利。

1945年4月12日，63岁的他因突发大面积脑溢血而去世于美国总统的现任上。这位美国总统是谁呢？他就是富兰克林·罗斯福（1882~1945年）。目标使他的生命力出现了超乎寻常的奇迹，他的成功就是追求目标的胜利。

其实，成功者必须具有积极的心态，你希望成为什么样的人，你就是什么样的人；你怎样对待别人，别人便怎样对你。罗斯福就是从一个连回答问题都含糊不清的小男孩，凭借积极的心态成为美国总统的。我们应该相信，只要有积极的心态，有远大的目标，就有可能创造奇迹，也就有可能改变世界。

一生做好一件事

很多人一生只有一个目标，但他能为自己的目标努力奋斗，结果他也获得了成功。

保持目标的一致性，正是一切伟人的重要禀赋。锁定一个目标，然后开始修炼自己，逐渐接近目标，整个过程既漫长又专注，而漫长与专注正是精通的要义。很多人一生只有一个目标，但他能为自己的目标努力奋斗，结果他也获得了成功。就像惠特曼，今天谁都知道他是大名鼎鼎的美国民主诗人。但是在生前，他却很倒霉，挨了一辈子骂，受了一辈子穷，晚年得了风瘫症，孤苦伶仃地隐居在凯姆登小镇上。盖伊·艾伦写过一本惠特曼评传《孤独的歌手》，艾默瑞·霍洛威写过一部惠特曼研究《自由而寂寞的心》，都多少说明了他的遭遇。

沃尔特·惠特曼生于纽约州长岛南亨廷顿附近的一个农舍中，他在9个兄弟姐妹中排行第二。1823年，惠特曼一家移居到纽约布鲁克林区。他只上了6年学，然后就开始做印刷厂学徒。在做了两年学徒以后，惠特曼搬到纽约市，并开始在不同的印刷厂工作。1835年，他返回长岛，在一所乡村学校执教。

1855年7月4日，在纽约，一本薄薄的小诗集出版了。这本小书只有95页，包括12首诗和一篇序。绿色的封面，封底上画了几株嫩草，几朵小花，书名叫《草叶集》。扉页上没有作者名字，卷头上却有一幅铜版像：一个普普通通年轻的劳动者，身穿法兰绒敞口衬衫，头上斜戴宽边呢帽，嘴上蓄有短须，右手放在屁股上，左手插在裤袋里，漫不经心地站在那里。据说，这本诗集是惠特曼自费出版的，初版印了1000册，没有卖掉一本，全送掉了。他曾拿了几本样本回家。他的弟弟乔治回忆说："我见过那本书，但根本没有读过它。我也不认为值得一读，只是翻了一下。妈妈的看法和我的一样，不知道把它怎么办才好。"一个星期之后，老惠特曼因风瘫病去世。他也没有看过这本诗集。惠特曼后来说，即使看了，也不会有什么两样。

社会上的评价可不像自家人那样客气，简直是一大堆臭骂。伦敦《评论》报认为："作者的诗作违背了传统诗歌的艺术。惠特曼不懂艺术，正像畜生不懂数学一样。"波士顿《通讯员》则把这本诗集叫做"浮夸、自大、庸俗和无聊的杂凑"，甚至骂作者是个疯子，"除了给他一顿鞭子，我们想不出更好的办法。"连作者的服装、相貌都成为嘲笑的对象，说看他那副模样，就能断定他写不出好诗来。

惠特曼送给朝野名流的几本书，也没有得到好报。惠蒂埃把他收到的一本干脆投进火里，朗费罗、赫姆士、罗威尔等人则不予理睬。林肯看后，把书带回到办公室，告诉别人说，险些被家里的女佣烧掉。

唯一的例外就是送给爱默生的一本。爱默生不但马上读了，而且做出了世界文学史上最精明果决的判断。如果我们考虑到爱默生在当时美国文坛上的声望和地位，他对惠特曼的热情洋溢的赞赏，就不能不说是一件奇闻了。爱默生写给惠特曼的回信是这样的：

亲爱的先生：

对于您才华横溢的《草叶集》，我不是看不见它的价值。我认为它是美国至今所能贡献的最了不起的聪明才智的菁华。我在读它的时候，感到十分愉快，伟大的力量总是使我们感到愉快的。我一向认为，我们似乎处于贫瘠枯竭的状态，好像过多的雕琢，或者过多的迂缓气质正把我们西方的智慧变得迟钝而平庸，《草叶集》正是我们所需要的。我为您的自由和勇敢的思想而高兴。我为它感到非常高兴。我发现美妙无比的事物，正像应该表现的那样，表现得无比美妙。我还发现那种大胆的处理，它使我们感到十分高兴，恐怕只有深刻的理解力，才能够启发它。

在一个伟大事业开头的时候，为了这样良好的开端，我恭贺您。这个开端将来一定会有广阔的前景。我揉揉眼睛，想看看这道阳光是不是幻觉，但是这本书给我的实感又是明确无疑的。它的最大优点就是加强和鼓舞人们的信心。

直到昨天晚上，我在一家报纸上看见本书的广告时，我才相信真有此书，而且能在邮局里买到。我很想会见使我受到教益的人，并想定下一个任务，去访问纽约，向您致敬。

爱默生
一八五五年七月二十一日
于马萨诸塞州康考德

这真诚的夸奖和赞誉，使惠特曼犹如在濒死的边缘看到了希望的曙光。他从此坚定了自己写诗的信念。多年后，他成为美国甚至全世界公认的伟大诗人，他唯一的诗集也成了美国乃至人类诗歌史上的经典。

说起惠特曼的成功，我们不得不承认，爱默生对他的信任是他的巨大动力。现在，我们从惠特曼自身来看，不难发现，其实，惠特曼这一生只做过一件事，那就是写出传世之作——《草叶集》。

任何人都一样，你给自己定下目标之后，目标就会在两个方面起作用。一方面它是努力的依据，也是对你的鞭策。另一方面，目标给了你一个看得着的射击靶。随着你努力实现这些目标，你会有成就感。对许多人来说，制订和实现目标就像一场比赛。随着时间的推移，你实现了一个又一个目标，这时你的思想方式和工作方式也会渐渐改变。

在设定目标时，有一点很重要，你的目标必须是具体的，可以实现的。如果目标不具体，那就无法衡量是否实现了，自然也会降低你的积极性。为什么？因为向目标迈进是动力的源泉。如果你无法知道自己向目标前进了多少，就会感到泄气，最后甩手不干了。

目标的作用不仅是界定追求的最终结果，它在整个人生旅途中都起着重要作用。可以说，目标是成功路上的里程碑。所以，我们每个人都应该有一个明确的大目标，哪怕我们一生只有一个目标，只要我们能为之努力奋斗，不管结果怎样，我们都不枉此生了。

人性密码

忠于你的梦想

一旦你决定了人生的目标后，为达成目标就须设定计划。

人的一生当中精力旺盛的时间是有限的，但是在追求目标的时候，多数人是不考虑时间的，只是在一味地追求新的目标，不管它是否适合自己，只要看到新的东西、新的目标就要追求，于是就非常盲目地把自己很多宝贵的时间都浪费了，所以我们在新的目标出现的时候，要选择最适当的目标，然后痛快地做出决定，做好取舍，把不重要的目标丢弃。这样我们才会明确目标，从而全力以赴，直到成功，这也等于延长了生命。

达到目标是一件非常艰辛的工作。一旦你决定了人生的目标后，为达成目标就须设定计划。正如建造房子一样，先由建筑设计师绘出一幅蓝图，再交由建筑队建造。在蓝图上，房子的户型、面积都要清楚地画出，一切都要设计得井然有序。

事实上，随波逐流，缺乏目标的人，永远没有淋漓尽致地发挥自己的潜能。因此，我们一定要做一个目标明确的人，生活才有意义。然而不幸的是，多数人对自己的目标，仅有一点模糊的概念，而只有少数人会贯彻这模糊的概念。

有这样一个美国某著名企业的大人物的故事。

有人问他："你是在哪里出生的？"

回答是意想不到的："我也不清楚，大概是亚特兰大市吧。我不知道自己的父母是谁，我是个孤儿，由养父母带大，然后带着几美元踏入了这个社会。"

他换了好几种工作，最后在印第安纳州一家餐厅当实习服务生。他既聪明又勤快，把工作做得很好。餐厅的主人看在眼里，就把俄亥俄州哥伦布快要倒闭的小店交给他经营，考验他的能力。

一开始，他无论如何也没有办法使那家小店兴旺起来，后来他找出业务不顺的原因是因为菜式过多，采购时容易浪费，因此没有利润。于是他减少菜式，果然使生意日渐兴隆起来。后来他用自己赚的钱开了一个汉堡餐厅，并以女儿的名字温迪作为店名。这家小店声誉远播，店面也逐渐扩大。

在当时，美国的连锁快餐公司已比比皆是，麦当劳、肯德基、汉堡王等大店已是大名鼎鼎。与它们比起来，温迪快餐店只是一个名不见经传的小弟弟而已。但他从一开始就为自己制订了一个高目标，那就是赶上快餐业老大麦当劳！

20世纪80年代，美国的快餐业竞争日趋激烈。麦当劳为保住自己老大的地位，花费了不少的心机，这让他很难有机可乘。一开始，他走的是隙缝路线，麦当劳把自己的顾客定位于青少年，他就把顾客定位在20岁以上的青壮年群体。为了吸引顾客，他在汉堡肉馅的重量上做足了文章。在每个汉堡上，他都将牛肉增加了零点几盎司。这一不起眼的举动为他赢得了不小的成功，并成为日后与麦当劳叫板的有力武器。终于，一个与麦当劳抗衡的机会来了。

1983年，美国农业部组织了一项调查，发现麦当劳号称有4盎司汉堡包的肉馅，重量从来就没超过3盎司！这时，温迪快餐店的年营业收入已超过了19亿美元。他认为牛肉事件是一个打击麦当劳、问鼎快餐业霸主地位的机会，于是他请来著名影星克拉拉·佩乐为自己拍摄了一则后来享誉全球的广告：

一个认真好斗、喜欢挑剔的老太太，正在对着桌上放着的一个硕大无比的汉堡包喜笑颜开。可当她打开汉堡时，惊奇地发现牛肉只有指甲片那么大！她先是疑惑、惊奇，继而开始大喊："牛肉在哪里？"

不用说，这则广告是针对麦当劳的。美国民众对麦当劳本来就有许多不满，这则广告适时而出，马上引起了广泛共鸣。一时间，"牛肉在哪里？"这句话就不胫而走，迅速传遍了千家万户。在广告取得巨大成功的同时，温迪快餐店的支持率也得到了飙升，营业额一下子上升了18%。

在赶超麦当劳思想的支持下，他不懈努力，温迪的营业额年年上升，1990年达到了37亿美元，发展了3200多家连锁店，在美国的市场份额也上升到了15%。直逼麦当劳坐上了美国快餐业的第三把交椅。

他就是迪布·汤姆斯，但要是有人问他是否已经登上了人生的巅峰，迪布·汤姆斯一定会坚决否认。

有目标，有希望和梦想，内心的力量才会找到方向。漫无目标地漂荡，终归会迷路，而你心中那一座无价的金矿，也因不开采而与平凡的尘土无异。

因此，人生需要目标，成功需要忠于你的梦想。

要有实现目标的计划

明确的计划一方面可以把目标分解量化，使每周、每日、每时都有压力、有动力，有对目标的追求，也有成功的喜悦；另一方面也可以使我们做事时变被动式为主动式。

你可能已经有了不少的目标，你八成也试了几十种方法，但还是一无所获，你成功的几率还是零。为什么呢？可能是你目标太多，也可能是你还没有一个配套实施的计划。

拿破仑·希尔的儿子坚持他们两个人合作，替小狗"花生"

盖一间狗屋。拿破仑·希尔答应后，立刻动手。但由于他们的手艺太差，成绩很糟糕。

狗屋盖好不久，有一个朋友来访，忍不住问拿破仑·希尔："树林里那个怪物是什么啊？不是狗屋吧？"拿破仑·希尔说："正是一间狗屋。"他指出一些毛病，又说："你为什么不事先计划一下呢？如今盖狗屋都要照着蓝图来做的。"

在你计划你的未来时，也要这么做，不要害怕画蓝图。现代的人是用幻想的大小来衡量一个人的。一个人的成就多少比他原先的理想要小一点，所以计划你的未来时，眼光要远大才好。

下面是拿破仑·希尔教过的一个学员的部分计划，当他计划他的住宅时，他就好像已经看到住宅将来的模样。

我希望有一栋乡下别墅，房屋是白色圆柱所构成的两层楼建筑。四周的土地用篱笆围起来，说不定还有一两个鱼池，因为我们夫妇俩都喜欢钓鱼。房子后面还要盖个都贝尔曼式的狗屋。我还要有一条长长、弯曲的车道，两边树木林立。但是一间房屋不见得是一个可爱的家。为了使我们的房子不仅是个可以吃住的地方，我还要尽量做些值得做的事。当然绝对不会背弃我们的信仰，一开始就要尽量参加教会活动。10年以后，我会有足够的金钱与能力供全家坐船环游世界，这一定要在孩子结婚独立以前早日实现。如果没有时间的话，就分成四五次短期旅行，每年到不同的地区游览。当然，这些要看我的工作是不是很成功才能决定，所以要实现这些计划的话，必须加倍努力才行。

这个计划是5年以前写的。这位学员当时有两家小型的"一角专卖店"，现在他已经有了5家而且已经买下17英亩的土地准备盖别墅。他的确是在逐步实现他的目标。

构建高楼大厦要有蓝图，计划便是实现目标的蓝图。明确的计划一方面可以把目标分解量化，使每周、每日、每时都有压力、有动力，有对目标的追求，也有成功的喜悦；另一方面也可以使我们做事时变被动式为主动式。

当然，光有目标和计划还远远不够，更重要的是要行动。19世纪英国生物学家赫胥黎说："人生伟业的建立，不在于能知，乃在于能行。"没有行动，一切目标、计划都将落空，成功也就无从谈起。老子在《道德经》中说："合抱之木，生于毫末；九层之台，起于垒土；千里之行，始于足下。"可见行动是完成计划奔向目标获得成功的保证。

用行动实现目标时，首先必须将目标分解量化为具体的行动计划，使自己知道现在应该为目标做什么，使目标有现实的行动基础。

把目标量化分解为具体的行动计划，可以采用"逆推法"，即确定大目标的条件，将大目标分解成为一个个小目标，由高级到低级层层分解，再根据时限，由将来逆推至现在，明确自己现在应该做什么。

即时行动←更小的目标←小目标←大目标

用"逆推法"分解量化目标为具体行动计划的过程，与实现目标的过程正好相反。分解量化大目标的过程是逆时针，由将来倒推至现在。实现目标的过程是顺时推进，由现在到将来。

先根据总目标实现的条件，将人生总目标分解为几个5~10年的长期目标，再根据长期目标的实现条件，将其分解为若干个2~3年的中期目标，再继续将其分解为若干6个月到1年的短期目标，进而将每一个短期目标分解成月目标，月目标量化分解为若干个周目标，周目标变成若干个日目标，最后，依次具体化为现在应该去干什么。

不管什么目标，也不管多大，每一个目标都要分解到你现在应该做什么，使你现在的行动与你未来的愿望、梦想联系起来，使目标有现实的行动基础，否则，你的愿望现在就可以断定不太可能实现。

如何实现你的目标

在现实中,我们做事之所以会半途而废,这其中的原因,往往不是因为难度较大,而是觉得成功离我们较远,确切地说,我们不是因为失败而放弃,而是因为倦怠而失败。

其实很多人获得成功,都是因为能够巧妙地分解目标,甚至是每天都设定小目标,这样努力之后,每天都可以看到自己进步,最终实现大目标。

当我们把目标分解之后,还要有锲而不舍的精神。

南非女作家戈迪默 15 岁就发表了自己的第一部小说,轰动文坛。之后,她相继写出了 10 部长篇小说和 200 篇短篇小说,曾几次被提名为诺贝尔文学奖的候选人,但是都在最后的关头被淘汰了。戈迪默毫不气馁地说:"我要用心浸泡笔端,讴歌黑人的生活。"并在自己新著的扉页上写下了这样的话:"内丁·戈迪默,诺贝尔文学奖",在后面又打上了一个括号,括号内写着"失败"。她不懈地努力着,终于在 1991 年获得了诺贝尔文学奖。

现在有必要让你的目标变得具体一点了。

第一步,用具体的事件或行为来表达自己的目标。

梦想往往会掩盖具体的细节,或者完全无视细节,但目标不一样,目标不容许有任何混淆不清的地方存在,希望什么,欲求什么必须非常清楚。

例如,在梦想的语言当中,旅行的欲望可能是这么简单表达出来的:"我想到外面的世界去看看。"

对照而言，在目标和现实的语言当中，这个目标宣称可能是这样的："在今后的五年内，我有意每年到三个不同的州和一个国家去看看。"现在，这个欲望可以更直接地进行筹划和追求，而不仅仅是一个模糊不清的"蓝天"梦想。

第二步，用可以度量的语言来表达目标。

跟梦想不一样，目标必须以可计量的结果来表述，必须能观察到、能量化。

在梦幻世界里，你可能会说："我想过奇妙和有价值的生活。"

在目标和现实的世界里，你会确定奇妙和有价值的意义，要能够测量到。相关的问题可能是这样的：

为了让你的生活奇妙，你会生活在什么地方？

你会做哪一种工作，或者从事哪些活动？

你从事某种活动的时间会有多长？

第三步，给目标定一个时间期限。

梦想在定义和时间上都很模糊，目标需要有非常具体的成就时间表或日程。目标涉及时间敏感的要求，根本容不得惰性或拖拉。

梦想世界的宣言可能是这样的："我想有朝一日变为富人。"

在目标和现实的世界里，这样的宣言听起来是这样的："到2005年12月31日的时候，我应该已经实现了每年30万元收入的目标。"

有了时间表或时间期限以后，你就使这个目标状态具体化了，你划定的最后期限会让你产生紧迫感和目标感，这种感觉反过来会成为重要的促动因素。

第四步，选择你能够控制的一个目标。

梦想让你产生幻想，幻想的事件是可以不用控制的，但目标不一样，目标必须与你生活的各个方面发生关系，是你要去控制、加以操纵的。

梦想世界里的一道宣言可以是这样的："我的梦想是过一次漂亮的白色圣诞节。"

现实一些的说法可能是这样的："过圣诞节的时候，我想为家人营造一点怀旧和传统的气氛。"

很明显，由于你无法控制天气，因此降雪并不是一个合适的目标。另外一方面，你能控制像装饰、音乐和食物等你在圣诞节期间拿得出来的东西。让这些具体的环境成为你目标的一部分是合适的。

第五步，计划和确定一个能够帮你实现目标的策略。

在梦想当中，对象只能够去渴望，而目标则不同，目标涉及实现目标的一个策略计划。设想从目标 A 走向目标 B 的一个策略是以结果来决定的。要认真追求一个目标，就要求你现实地评估障碍和所涉及的资源，而且你还必须为达到这个现实的目标制订一个策略。

假定你的目标是要让锻炼身体成为你生活中定期进行的一项活动。当你对自己的新活动感到信心百倍的时候，人很容易早起外出。但是，如果为你的努力提供燃料的是情绪，寒冬腊月的早晨你实在不太在乎锻炼不锻炼的时候会发生什么事？意志力没有了，但需求还存在着。只有当你把环境因素也考虑进去，你才有可能继续下去。

第六步，用拆分的角度确定自己的目标。

梦想的结果是我们假定某天会"实现的"，但目标不同，目标是详细分成可测量的步骤的东西，它们最终会导致所希望的结果。

梦想世界里的话可能是这么说的："到夏天之前，我将穿上一尺八的裤子。"

以现实为基础的一个说法可能是这样的："我会采取某些步骤在接下来的 20 个星期内每周减 2 斤体重。到那时，我会穿上一尺八的裤子。"

重大的生活变化不是自然发生的，它们一次发生一点点。当某人对其进行全盘考虑时，减掉 20 公斤体重一般来说会令人望而却步。但是，如果细分成每周减掉 2 斤的小目标，看上去就不那么可怕了。

第七步，为朝向目标的进程确立一个考评办法。

梦想可以随意产生，但目标不同，目标每实现一步都要有可测量的考评。

在梦想世界里，你也许认为自己的孩子总应该得到好成绩。

在目标和现实的世界里，这样的孩子必须有逐步的考评，比如老师每个星期五评估孩子的家庭作业，因此，孩子现在就有动机去完成自己的功课，并且进行调整，因为他们被监督了。

如果没有考评，人们很容易欺骗自己，不能够及时看到自己表现欠佳，因而不能调整自己，也无法避免落后。因此，可以让自己的亲朋好友定期检查你的进展情况。如果有人盯着你，你就会有更好的反馈，因为表现欠佳总是一件丢人的事情。

第八章
永不放弃：
不抛弃、不放弃就有机会

不管做什么事，只要放弃了，就没有成功的机会。不放弃就会一直拥有成功的希望。如果你有99%想要成功的欲望，却有1%想要放弃的念头，那么是没有办法成功的。只有聪明是没有用的，你不去努力，原地踏步，都将会是空中楼阁。就算你不怎么聪明也不要紧，只要你努力了，就一定会成为一个有才能的人。

人性密码

不轻言放弃

　　无论做什么事情都不能半途而废，在看准了的前提之下，就是虎穴龙潭也要干下去。

　　四十几年前，沃特·迪斯尼连维持自己的三餐都成问题，现在全世界的人几乎都深爱他所创造出来的卡通人物。

　　这位从前经常身无分文，如今却已成为大企业家的沃特·迪斯尼，将所赚到的钱又全部投注在事业上。他表示："与其每年继续赚上数百万元，不如制作更好的电影回馈给观众。"这种执着的精神委实令人钦佩。

　　迪斯尼原本是住在堪萨斯城，最初的心愿只是想当一名画家。某日，他到堪萨斯城的明星报社想找一份差事。他把自己的作品呈示给主编看，主编瞧了几眼便说："不行，你一点也没有绘画的才能嘛！"迪斯尼听后，只好垂头丧气地离开。

　　不久，他终于找到一份工作，工作内容是装饰教会的绘画。但是，由于他的薪资过于微薄，根本无法租一间像样的工作室，他只好将父亲的车库改装成自己的工作室。

　　虽然那时的日子过得非常艰辛，但当迪斯尼日后回忆起那段日子时，更深深地体悟到，正是因为当初在那弥漫着汽油味和机油味的车库中工作，才激发了他的创作潜能，使他创造出风靡全世界的米老鼠。

　　有关米老鼠产生的过程，有一段极为有趣的故事。某日，一只老鼠在迪斯尼的工作室中跑来跑去，他于是放下手上的工作，一直盯着老鼠看，并拿些面包屑丢给老鼠吃。日子一天天过去，逐渐地，那只老鼠竟与迪斯尼熟悉起来，而且终于爬上画板。后来，迪斯尼到好莱坞去谋求发展，他制作了一连串的卡通电影，例如《奥斯华幸运兔》等，但却全部失败。由于工作毫无进展，他变得身无分文。但他并没有灰心，没有放弃。

有一天，当他正在寄宿的房间中思索自己的未来时，脑海中突然浮现出一个影像，那就是堪萨斯城车库里的那只老鼠，于是，迪斯尼立刻动手画出那只老鼠的可爱模样，这就是米老鼠诞生的由来。

目前，在好莱坞拥有最多影迷、收到最多信件的明星便是米老鼠，它已成为全世界家喻户晓的明星。

此后沃特·迪斯尼每周必会到动物园去，以便研究各种动物的动作及叫声。

某天，他想起了儿时母亲曾讲过一个"三只小猪与大野狼"的故事，他觉得很有趣，便决定制作成彩色电影。然而，工作人员对此构想均持反对意见，虽经迪斯尼一再提出计划，工作伙伴们仍然反对，不得已只好暂停计划。

后来，经过迪斯尼再三要求，他终于与伙伴们达成共识，决定试试看。尽管如此，他们谁也不敢对这部电影抱有太大的期望。同时，他觉得制作一部米老鼠的影片需要90个工作日，如果"三只小猪与大野狼"也得花费同样的时间，未免太浪费，所以大家决定以60个工作日来完成这部电影。

结果，这部电影刚一推出就马上赢得全美观众的热烈赞赏，并且创下了重映7次的记录，这在卡通电影史上可以说是史无前例、绝无仅有的。

一切成功的秘诀即在于热爱自己的工作，人生如果仅是为了追求财富，那么便失去其真正意义了。迪斯尼的成功，正是由于他对工作的执着所促成。

放弃，意味着没有机会

成功本身并不难，难的是成功之前面对失败的精神品质。

不管做什么事，只要放弃了，就没有成功的机会。不放弃就会一直拥有成功的希望。如果你有99%想要成功的欲望，却有1%想要放弃的念头，那么是没有办法成功的。

青年农民达比卖掉自己的全部家产，来到科罗拉多州追寻黄金梦。他围了一块地，用十字镐和铁锹进行挖掘。经过几十天的辛勤工作，达比终于看到了闪闪发光的金矿石。继续开采必须有机器，他只好悄悄地把金矿掩埋好，暗中回家凑钱买机器。

当他费尽千辛万苦弄来了机器，继续进行挖掘时，遇到了一堆普通的石头。达比认为：金矿枯竭了，原来所做的一切将一钱不值。他难以维持每天的开支，更承受不住越来越重的精神压力，只好把机器当废铁卖给了收废品的人，"卷着铺盖"回了家。

收废品的人请来一位矿业工程师对现场进行勘察，得出的结论是：目前遇到的是"假胍"。如果再挖3尺，就可能遇到金矿。收废品的人按照工程师的指点，在达比的基础上不断地往下挖。正如工程师所言，他遇到了丰富的金矿胍，获得了数百万美元的利润。

达比从报纸上知道这个消息，气得顿足捶胸，追悔莫及。

也许，你离成功只有一步之遥，只要你再坚持一下，你就可以叩开成功的大门，但如果此时停住前进的脚步，就意味着你与成功失之交臂了。

第八章 永不放弃：不抛弃、不放弃就有机会

日本的名人市村清池，在青年时代担任富国人寿熊本分公司的推销员，每天到处奔波拜访，可是连一张合约都没签成，因为保险在当时是很不受欢迎的一种行业。

整整68天，他没有领到薪水，只有少数的车马费，就算他想节约一点过日子，仍连最基本的生活费都没有。到了最后，已经心灰意冷的市村清池就同妻子商量准备连夜赶回东京，不再继续拉保险了。此时他的妻子却含泪对他说："一个星期，只要再努力一个星期看看，如果真不行的话……"

第二天，他又重新鼓起勇气到某位校长家拜访，这次终于成功了。后来他曾描述当时的情形说："我在按铃的时候之所以提不起勇气的原因是，已经来过七八次了，对方觉得很不耐烦，这次再打扰人家一定没有好脸色看。哪知道对方这个时候已准备投保了，可以说只差一张契约还没签而已。假如在那一刻我就这样过门不入，我想那张契约也就签不到了。"

在签了那张契约之后，又有不少契约接踵而来，而且投保的人也和以前完全不相同，都是主动表示愿意投保。许多人的自愿投保给他带来无比的勇气。在一个月内他的业绩就一跃而成为富国人寿的佼佼者。

在历史的长河与现实的生活中，也有很多为理想为事业奋斗的人，他们往往在离成功还有一步之遥时却停止了脚步，面对失败与困难，他们气馁了、放弃了，功亏一篑，功败垂成，这是多么令人痛心与惋惜呀。山重水复疑无路，但是这位可敬的青年，仍是坚定执着地往下继续走，终于迎来了柳暗花明又一村。

其实，成功本身并不难，难的是成功之前面对失败的精神品质。人生是一场搏斗，敢于搏斗的人，才可能是命运的主人。美国大将军克林顿与英法联军交战，屡战屡败，一次落荒逃到农舍里，恰巧看到了蜘蛛织网屡破屡织的经过，他大受启发，后来终于打败了劲敌。爱迪生发明电灯的时候，曾经实验过上

-141-

人性密码

千种灯丝材料，最后才找到了钨丝而成功。试想要经历这成百上千的失败，需要多么坚韧执着的精神意志啊！

生命在追求中闪光

苍松不曾放弃平坦，才显出它生命的伟大和坚韧。

如果我们希望取得某种现实而有目的的改变，那么，我们便必须采取某种现实而有目的的行动。这对于我们是否能够主宰自己的生活至关重要。

为了主宰自己的生活，我们就要积极地行动。其实，每个人都具备着充分发挥上帝赋予我们潜能的必要工具、能力和条件。但是，真正想发挥出潜能，就一定要实际地做事情——目标明确且持之以恒地去行动。

1915年，俄国的一位27岁青年写了一篇作品《愚笨的一天》，寄给了当时编辑《记事月刊》的高尔基。两周之后，原稿退回了，并附有高尔基的一封信："故事的题材很有趣，但写得不好，没有写出背景，对话没有趣味，主人体验的戏剧性写得不清楚。你再试试写点别的东西吧。"

从此，这位青年13年没有动笔。他悲观失望了吗？没有。十月革命后，他领导了"高尔基工学团"，使一批被旧生活残酷蹂躏的流浪儿变成了社会新人。在教育、改造"流浪儿"的过程中，他阅读了古典文学名著，投入生活激流，写了大量的读书笔记，搜集、整理了"流浪儿"在苏联党和政府的关怀下健康成长的生活史实。高尔基从意大利回国后，特意来到了"高尔基工学团"，并跟这些失足青少年生活了3天。高尔基在与"流

第八章 永不放弃：不抛弃、不放弃就有机会

浪儿"愉快、亲密的交流中，不仅巩固了他与"流浪儿"建立起来的深厚情谊，而且看到了当时国内到处存在的儿童流浪和儿童犯罪的现象，以及一位青年是用怎样的态度和方法去消除挽救这些"流浪儿"的。尤其是，高尔基听了这位青年的汇报后，对于他在教育、改造失足青年中付出的艰苦劳动更为感动。高尔基热情鼓励他一定要把这段有意义的生活记录下来，请他写一部书。高尔基说："你做的这一切真使我感动，你应该把这一切都写出来，不应沉默。不应该把你在艰苦工作中获得的成就秘而不宣。写一本书吧！"这位青年在十几年生活积累的基础上，在高尔基热情的帮助下，只用了两个月的时间，就写出了著名的长篇小说《教育诗》。《教育诗》的扉页上写道："谨以一片忠诚和热爱,献给我们的领导人、友人和导师马克西姆·高尔基。"

这位青年就是后来苏联的著名教育家、作家马卡连柯。马卡连柯在回忆13年前的往事时说："读高尔基的退稿信时，我非常明白，我没有写作本领，我需要学习。很可能，在我心灵的深处已经留下一道不愉快的印痕，但是，我认真地持久地学习着。"

接到退稿信后不气馁，认真弥补自身的不足，通过勤奋地学习，终于取得了成功，这就是马卡连柯留给我们的重要启迪。

一个人度过一生的方式有很多。有的人可能听天由命终其一生，逆来顺受，麻木不仁；有的人可能沿着父辈安排好的一切循规蹈矩地生活着，按部就班，无忧无虑；有的人可能会因遇到挫折而一蹶不振，怨天尤人，失去斗志；有的人可能尽管困难重重但仍然一往无前，披荆斩棘，苦尽甘来。我们应该成为后一种人。

生命对于每个人只有一次，只有不曾放弃年轻时梦想的人生才会更富有内涵，更值得回味，也才会弥香久远。苍松不曾放弃平坦，才显出它生命的伟大和坚韧；"不经寒风彻骨痛，

-143-

人性密码

哪能香气扑鼻来?"蜡梅不曾放弃冬的严寒,傲立雪中,才迸发出了独特的生命芬芳。

人生没有犹豫

只有不怕失败,才能在一次一次的尝试中找到成功的机会。

人生没有太多时间让我们犹豫,凡事先行动了再说。唯有从行动的步伐中,我们才能不断发现错误,修正错误,并累积成果,最重要的是,要以一颗平常心面对失败和挫折,如此,我们才能正确无误地抵达梦想的终点。

让我们来看看著名作家海明威是如何坦然面对失败的。

20 岁时,他立志做第一流的作家,每天辛苦写作,但所写的稿件全部被退回。随后的 3 年时间里,他一共写出 1 个长篇、18 个短篇和 30 首诗,不幸的是,妻子把他装有全部手稿的手提箱弄丢了。

24 岁时,他的第一部著作出版,这部只印了 300 册的书,没有在社会上产生任何影响。这时,他穷困潦倒,妻子也带着儿子离开了他。

事业无望,家庭破碎,经济窘困,一般人遇到这种情况可能会一蹶不振,但他没有。虽然每一次的尝试带来的都是失败,但他仍然没有放弃新的尝试。因为他相信只要用平常心面对失败,并且不害怕失败,自己的付出会有应有的回报。

第二年,他尝试用一种新的文学体裁创作了长篇小说《太阳也升起了》,引起各方的好评。这以后,他继续尝试不同风格和题材的文学作品,佳作不断问世:《永别了,武器》成为

20世纪20年代的经典之作,《乞力马扎罗的雪》是那个世纪最成功的短篇小说之一,直到《老人与海》这部世界文学宝库中的珍品问世,他终于实现了20岁时的梦想——做世界一流的作家。

1954年,他凭借在文学上的突出贡献,荣获了诺贝尔文学奖。

海明威的经历告诉我们,只有不怕失败,才能在一次一次的尝试中找到成功的机会。

黑格尔曾经说过:"我们决不甘于落后!"这不也就是在告诉我们人生中要经历无数的风风雨雨,但我们一定要在风雨中站起来,永远不服输吗!这种精神就是执着。这就是永远不向任何困难低头、压不扁、折不弯、顶得住、吓不倒的力量,执着是一种看不见、摸不到的东西,但是它却是克服困难、奋勇前进、开启成功大门的钥匙。

永不停歇地进取

在不同的时代,执着也有着自己不同的含义,但它有一个永恒的意义就是坚持不懈。

我们的世界经历了无数次的变革,每个时代都有很多执着的人。当然,在不同的时代,执着也有着自己不同的含义,但它有一个永恒的意义就是坚持不懈。

王羲之从7岁起就开始学习书法。他的老师卫铄,是个很有名气的女书法家,人们称她卫夫人。卫夫人很喜欢王羲之这个聪明的学生,不但尽心地教他练字,还常用前人练字的故事来鼓励他。

一次,王羲之问卫夫人:"我怎样才能快点把字练好?"

卫夫人看到王羲之急切的样子,就说:"东汉的时候,有一个名叫张芝的人。他为了练好字,天天在自家门前的池塘边,蘸着池水研墨练字。字写完了,就在池塘里洗涮笔砚,日子一久,洗出的墨汁把整个池塘都染黑了。后来,他的字越练越好,写的草书笔势活泼流畅,富于变化,大家都管他叫草圣……"

从那以后,王羲之练字更加努力了。他也像张芝一样,每天练完字,就到门前的池塘里洗笔砚。时间一长,原来清澈的池塘,也变成了墨池。后来,王羲之每搬到一处,都要在门前洗笔砚,留下的墨池比张芝的还要多。

王羲之的几个儿子都擅长书法,最有成就的还是第七个儿子王献之。

王献之从小就跟着父亲学习写字。8岁那年,有一天他正在专心致志地练字,王羲之想试试儿子的腕力如何,就悄悄地走到他身后,猛地去拔他手中的笔杆。没想到,王献之的手握得很紧,竟没拔出来。王羲之见儿子年纪不大,却有这样强的腕力,高兴地说:"这孩子的书法,将来会有出息的!"

王献之见父亲夸赞自己,练字更加用心了。过一两年,他觉着自己的字写得很不错了,就把自己写的字拿给父亲看。王羲之看了看,觉得功夫还不到家,就在他写的一个"大"字底下加了一点,改成一个"太"字。王献之见父亲没有夸赞自己,又把自己写的字拿去给母亲看,母亲看过之后,指着那个"太"字说:"依我看,你写的这些字里,还只有这个太的一点的笔力像你父亲。"

听了母亲的话,王献之羞愧地低下了头。他感到自己的功夫还差得很远,就去向父亲请教。他对父亲说:"您能告诉我练字有什么窍门吗?"

王羲之把儿子叫到窗前,指着院子里的18口大缸说:"你把这些大缸里的水磨墨练字,用完了,窍门自然就有了。"

王献之听了父亲语重心长的话,明白勤学苦练才是练字的"窍门"。从此他更加勤奋地练字,后来终于成了有名的书法家,人们常把他们父子并称为"二王"。

俗话说:勤能补拙。永不停息的进取精神,对每一个想要有所成就的人都是很重要的。每一个成功的人,每一个有作为的人,无一不是与勤奋有着深厚的缘分,他们付出的汗水和心血,他们的勤奋和忍耐,是常人难以想象的。在人生的舞台上能演出最好自己的人,他们努力和付出的代价虽然各不相同,但是,他们勤而不息的精神却是相同的。

执着的永恒意义

如果你不向困难低头,困难终将会向你低头!只要你肯坚持,你终究会摆脱困难。

两只青蛙在觅食中,不小心掉进了路边一只牛奶罐里。牛奶罐里还有为数不多的牛奶,但是足以让青蛙们体验到什么叫灭顶之灾。

一只青蛙想:"完了,完了,全完了。这么高的一只牛奶罐啊,我是永远也出不去了。"于是,它很快就沉了下去。另一只青蛙在看见同伴沉没于牛奶中时,并没有一味放任自己沮丧、放弃,而是不断告诫自己:"上帝给了我坚强的意志和发达的肌肉,我一定能够跳出去。"它每时每刻都在鼓起勇气,用尽力量,一次又一次奋起、跳跃——生命的力量与美展现在它每一次的搏击与奋斗里。

不知过了多久,它突然发现脚下的牛奶变得坚实起来。

人性密码

原来，它的反复跳动，已经把波状的牛奶变成了一块奶酪。不懈的奋斗和挣扎终于换来了自由的那一刻。它从牛奶罐里轻盈地跳了出来，重新回到绿色的池塘里。而那一只沉没的青蛙就那样留在了那块奶酪里，它做梦都没有想到会有机会逃离险境。

还有一个是动物用执着谋生的故事：

从前，一个老人带着他心爱的驴出门远行，不料他的驴滑入了路旁的深沟。老人不想让自己的驴在沟里活受罪，于是找来一把铁铲，想把驴埋掉。

面对从天而降的黄土，驴并没有倒下，而是用尽力气将黄土抖落下来，然后坚定地站住。就这样，落下一锹土，驴就用力抖一下，然后向上站一步；抖一下，向上站一步。最后，它又回到了地面。

如果你不向困难低头，困难终将会向你低头！只要你肯坚持，你终究会摆脱困难。

第九章
坚韧自强：
跌倒与站起都是生命中的必然动作

不愿面对失败的人，永远都是失败的；而敢于面对失败的人，即使他最后失败了，他仍然是胜利者，因为他懂得如何对待挫折。每一个困难与挫折，都只是生活中必然的跌跤动作，我们不必太过惊慌或难过，只要心里牢牢记得小时候那种不怕跌倒的勇敢精神，鼓励自己站起来，拍拍屁股，然后继续前进。或许下一步，我们就能踏着沉稳的步伐，朝着人生的新目标前进。

人性密码

从跌倒中学会走路

小时候,我们都是从跌倒中学会走路的,即使长大成人,这样的生命方式也不会改变,我们仍然得"从跌倒中学会走路"。

美国成人教育家卡耐基经过调查研究认为,一个人事业上的成功,只有15%在于其学识和专业技术,而85%靠的是心理素质和善于处理人际关系。1976年,奥运会十项全能冠军的获得者詹纳,曾从体育比赛角度作了类似的论述,他说:"奥林匹克水平的比赛,对运动员来说,20%是身体方面的竞技,80%是心理和人格上的挑战。"事实上,每个人都有充分发展自己,使自己取得巨大成就的智慧,可惜不少人却忽视了自我开发的巨大潜力。

1989年,日本松下公司公开招聘管理人员,一位名叫福田三郎的青年参加了应试。考试结果公布了,福田名落孙山。得到这一消息后,福田深感绝望,顿起轻生之念,幸亏抢救及时,他自杀未遂。此时公司派人送来通知,原来福田被录取了,他的考试成绩名列第二,因当时计算机出了故障,所以统计时出了差错。然而,当松下公司得知福田因未被录用而自杀时又决定将他解聘。其理由是,连这样小小的打击都经受不起的人,又怎么能在今后艰苦曲折的奋斗之路上建功立业呢?由此可见,心理素质对一个人来说是何等重要!人生之路充满坎坷,一个人不可能永远一帆风顺,难免遇到挫折。遇到挫折并不可怕,重要的是你如何面对它。有的人会灰心、会气馁,就像上述这位青年;而有的人会调整心理,重整旗鼓,就如威灵顿将军……

不愿面对失败的人,永远都是失败的;而敢于面对失败的人,即使他最后失败了,他仍然是胜利者,因为他懂得如何对待挫折。从一定意义上说,不敢面对挫折的人,不是一个自信的人,因为一个自信的人是不会那么介意自己的失败的,他对自己充满信心,他知道自己最终会胜利。人只要多一份自信,就会坦然地面对挫折。

草地上有一个蛹,被一个小孩发现并带回了家。过了几天,蛹上出现了一道小裂缝,里面的蝴蝶挣扎了好长时间,身子似乎被卡住了,一直出不来。天真的孩子看到蛹中的蝴蝶痛苦挣扎的样子十分不忍。于是,他便拿起剪刀把蛹壳剪开,帮助蝴蝶脱蛹出来。然而,由于这只蝴蝶没有经过破蛹前必须经过的痛苦挣扎,以致出壳后身躯臃肿,翅膀干瘪,根本飞不起来,不久就死了。自然,这只蝴蝶的欢乐也就随着它的死亡而永远地消失了。

这个小故事也说明了一个人生道理,要得到欢乐就必须能够承受痛苦和挫折。这是对人的磨炼,也是一个人成长必经的过程。

小时候,我们都是从跌倒中学会走路的,即使长大成人,这样的生命方式也不会改变,我们仍然得"从跌倒中学会走路"。

每一个困难与挫折,都只是生活中必然的跌跤动作,我们不必太过惊慌或难过,只要心里牢牢记得小时候那种不怕跌倒的勇敢精神,鼓励自己站起来,拍拍屁股,然后继续前进,或许下一步,我们就能踏着沉稳的步伐,朝着人生的新目标前进。

每个人都有自己的特点,每个人都有适合自己的道路,不管你适合哪条道路,专心不二地走下去。不要一直看着这个人付出巨大的努力而终于得到了事业上应得的回报,受其感动自己也想出去走一走吃点苦头,从而走向成功。也不必想着那个人因茫茫人海结缘而平步青云,就想着自己也去碰到一个能拉自己一把的人,使自己的人生早日走向坦途。因为每个人都有

人性密码

适合自己的道路,所以切勿朝三暮四,见异思迁。世界本不浮躁,只因自己的心没有固定的地方所以浮躁。去掉了浮躁,一心向着理想专心努力,就能迎来成功。

失败是成功之母

失败往往是成功的前奏,只要我们平常面对,总有一天会和成功握手,其实人生最大的失败不是不成功,而是在失败面前低头。

对许多人来讲,挑战是一个令人头疼的负担。在他们看来挑战是一种长期的、影响深远的威胁,并且超出了自己控制的范围。每一个明天都是希望。无沦陷入怎样的逆境,都不应该绝望,因为前面还有许多个明天。乐观的人,在绝望中仍然满怀希望;悲观的人,在希望中还是绝望。

50年前有一个美国人叫卡纳利,家里经营着一家杂货店,生意一直不好。年轻的卡纳利告诉他的父母,既然经营了这么多年都没有成功,就应该换一个思路,想想别的办法。他的家附近有几所大学,学生经常出来吃快餐。卡纳利想,附近还没有人开比萨饼屋,卖比萨饼肯定能行。他就在自家的杂货店对面开了一家比萨饼屋。他把比萨饼屋装修得精巧温馨,十分符合学生高雅讲情调的特点。不到一年时间,卡纳利的比萨饼成为附近的名吃,每天都顾客爆满。他又开了两家分店,生意也很好。

卡纳利的胃口大起来,他马不停蹄地在俄克拉荷马又开了两家分店,但是不久,一个个坏消息传来,他的两家分店严重亏损。起初,他一家店准备500份,结果总有一半的比萨饼卖不出去。后来他又按 200 份准备，还是剩下很多。最后，他干脆只准备 50 份，这是一个连房租都不够的数字，仍然不行。最后，一天只有几个人光顾的情景也出现了。同样是卖比萨饼，两个城市同样有大学，为什么在俄克拉荷马就失败呢？不久他发现了问题，两个城市的学生在饮食和趣味上存在着巨大差异。另外，在装潢和配方上面他也犯了错误。他迅速改正，生意很快兴隆起来。

在纽约，他也吃了苦头，虽然他做了很细致的市场调查，但是比萨饼就是打不开市场。后来，他又发现，卖不动的原因是比萨饼的硬度不合纽约人的口味。他立即研究新配方，改变硬度，最后比萨饼成为纽约人早餐的必备食品。

从第一家比萨饼店算起，19 年后卡纳利的比萨饼店遍布美国，共计 3100 家，总值 3 亿多美元。

卡纳利说："我每到一个城市开一家新店，十分之九是失败的，最后成功是因为失败后我从没有想过退缩，而是积极思考失败原因，努力想新的办法。因为不能确定什么时候成功，你必须先学会失败。"

要想获得成功，首先须学会失败。只要持续不断地敲门，成功之门总会打开。失败往往是成功的前奏，只要我们平常面对，总有一天会和成功握手，其实人生最大的失败不是不成功，而是在失败面前低头。

逆境不会长久

逆境不会长久，强者必然胜利。因为人有着惊人的潜力，只要立志发挥它，就一定能渡过难关，成就生命的辉煌。

人性密码

　　任何国家和地区的富豪，约八成出身贫寒或学历较低，他们白手起家创大业，赢得了令人羡慕的财富和名誉。他们没有一个是一帆风顺，不经失败和挫折就获得成功的。美国汽车业超级明星艾柯卡以其卓著的才能和辉煌的成就成为美国人心目中的英雄，然而，很少有企业家像艾柯卡那样命运坎坷，大起大落，几经沉浮。艾柯卡从一个默默无闻的推销员登上美国福特汽车公司总经理的宝座，后又被福特董事长一脚踢出福特公司的大门，从权力之巅落入谷底。可他雄心不灭，从逆境中奋起，当上克莱斯勒汽车公司的总裁，把这家濒临倒闭的公司从危境中拯救过来，奇迹般地东山再起，使之成为全美第三大汽车公司。他那锲而不舍、转败为胜、与逆境抗争的奋斗精神使人们为之倾倒。在经受最大考验的时刻，艾柯卡这样勉励自己："我要振作精神，继续奋斗，我不能听天由命，我要跟命运搏斗，我要把痛苦化为力量，设法有所建树。"

　　一项关于"面对人生前程"的调查显示：人们一致认为未来的竞争将越来越激烈，生活的压力也将越来越大。这种挑战和压力会使我们随时随地遭遇逆境。

　　如果种种逆境是无法回避的，那么我们又将如何面对呢？是沮丧、灰心、愤怒、绝望，还是消极地悲叹命运的不公？所有这些都无济于事。只有认真、辩证地对待逆境，逆境才会消失，才会变成一条崎岖的小路将我们引向成功的殿堂。因为逆境也有它积极的功能。

　　首先，只有在逆境中人们才能学会如何思考。只有在逆境中，在遭受失败和挫折后，才能真正发现自己的不足。这些思考和经验都能为前进打下坚实的基础。古往今来，经过失败、努力，再失败、再努力，不断在逆境中总结经验教训，最后成功的例子比比皆是。

　　为了发明电灯，爱迪生曾经尝试了17000次失败，终于获得了成功。正是他把每一次失败都当成一次学习的机会，才使我们拥有了今天的光明。

其次,当挫折发生的时候,能给予我们警告,提醒我们加倍小心。逆境,是一座警钟,它警告人们,之所以遭遇逆境,肯定是在某些方面出了问题。或者观念不对、态度不对、立场不对、方式不对、方法不对、计划不对;或者客观条件不成熟,天不时、地不利、人不和;或者主观与客观不一致,主观愿望违背了客观规律,等等。逆境有人为原因,也有自然因素,所以面对逆境时,不能怨天尤人、消极等待,而是要积极地反思、客观地寻找病症。

最后,逆境也给我们警示:人生有喜有悲,有顺境必有逆境,凡事不要骄傲,不要盲目乐观,而应该未雨绸缪。

懂得了这些道理,逆境才能发挥其积极的功能,才能更进一步激起人们的斗志和求胜欲望。具有这种心态的人,逆境犹如兴奋剂,激励着人们焕发青春、斗志、热情和潜能,向着希望的顶点不懈地攀登。

斯托夫人的优秀小说《汤姆叔叔的小屋》中,汤姆叔叔的原型乔·赛亚·亨森原是一名黑奴,他在历尽曲折道路、战胜重重逆境而获得人身自由和经营上的成功后,坎特伯雷主教问他:"先生,你是从什么大学毕业的?"亨森回答道:"逆境大学。"

"逆境大学",多么铿锵有力的回答,多么意味深长的话语,这就是一个强者的声音。他将挫折当成人生最好的教材,不断地去抒写。

提高自己的 AQ

风筝因逆风而能高飞,在命运的挑战下,高逆商的信念能支持你。

人性密码

1997年，美国著名学者、白宫知名商业顾问保罗·史托兹博士出版了《AQ——逆境商数》一书，逆商开始被人们了解和接受。逆商（Adversity Intelligence Quotient，简写成 AQ），是指面对逆境承受压力的能力，或承受失败和挫折的能力。

当今和平年代，应付逆境的能力更能使你立于不败之地。巴尔扎克说过："苦难对于天才是一块垫脚石，对于能干的人是一笔财富，而对于弱者则是一个万丈深渊。"卡耐基说："苦难是人生最好的教育。"高尔基谈到自己的生活经历时说："生活的情况越困难，我越感到自己更坚强，甚而更聪明。"名人之谈告诉我们：伟大的人格只有经历熔炼和磨难，潜力才会激发，视野才会开阔，灵魂才会升华，才会走向成功。一个人吃常人不能吃的苦，必然做常人不能做的事。

可口可乐的总裁古滋·维塔是一个古巴人，40年前随全家人匆匆地逃离古巴，来到美国。当时他身上只带了40美金和100张可口可乐的股票。同样是这个古巴人，40年后竟然能够领导可口可乐公司，让这家公司在他退休时增长了7倍！整个可口可乐股票价值增长了30倍！他总结自己时，讲了这样一句话："一个人即使走到绝境，只要你有坚定的信念，抱着必胜的决心，你仍然还有成功的可能！"

挫折，在一定意义上说也是一种挑战。有挑战，就应该有应战，就应该有应战精神。应战得当，就会转败为胜。

山本先生是一位汽车推销员，他机智勤快，为人诚恳。这些都是销售行业所必备的条件。由于他的努力工作，生意十分兴隆。有时候，他以为自己永远能够这样。

然而命运却向他挑战了。山本先生在驾车拜访客户的路上，与一辆急驰而来的汽车相撞了，他失去了右眼，迫不得已只好退出了汽车销售这一行。

但是山本先生并没有向命运低头，他仍在寻找抗衡困难的机会。有一天，他从杂志中看到当时很多人喜欢将老旧的房屋修复，于是灵机一动，想到了一个主意。他以前在职业学校求学时，家具制造和木工这两科的成绩都很优秀，他认为如果将自己的木工技能应用到修缮房屋上，一定可以赚到他生活所需的钱。

在开展工作之前，他向职业学校取得了介绍信，又请以前的顾客为他写了推荐书，证明自己为人可靠而且工作认真。由于昔日大家对山本先生都有很好的印象，所以都十分愿意为他做这些事。山本还印制了新的商业名片，分送给木材经销商和木匠，并在当地的旧城区宣传，让大家都知道他是专门替人修缮房宅的。

现在，山本先生的公司已经有了一定的声誉，他说："我以前是做汽车销售的，命运改变了我的生活，但是我知道自己一定能战胜命运。"

因此，无论什么样的情况下，逆商都将能决定你是否真正站着并稳稳地站着，决定你面临逆境之时是继续成长还是会一瘸一拐甚至倒下。逆商是营养丰富的土壤和成功关键的基本的要素，它决定你的态度、你的能力、你的能力如何展现，展现到什么程度，这就像花园里的土壤成分一样，逆商也可加强、丰富起来。

风筝因逆风而能高飞，在命运的挑战下，高逆商的信念能支持你。在迈向成功的旅程中，忍受一切艰难险阻，敢于向一切逆境挑战，你或许得与周遭的狂风搏斗，却不会有被吹垮的顾虑。

通往真理的桥梁

在挫折面前，我们不要浪费时间去为已经无法改变的事情担忧，因为忧愁对事情毫无助益。

人性密码

　　挫折会使人受到打击，给人带来损失和痛苦，但挫折也可能会给人激励，让人警觉、奋起、成熟，把人锻炼得更加坚强。挫折既能折磨人，也能考验人、教育人，使人学到许多终身受益的东西。德国诗人歌德说："挫折是通往真理的桥梁"。挫折面前没有救世主，只有自己才是命运的主人。只要我们把命运牢牢地掌握在自己手中，就会历经挫折而更加成熟和坚强，从而更有信心获得胜利和成功。

　　有人把挫折比作一块锋利的磨刀石，我们的生命只有经历了它的打磨，才能闪耀出夺目的光芒。"不经历风雨，怎能见彩虹？"经历了挫折的成长更有意义，挫折其实是一笔财富。多少次艰辛的求索，多少次噙泪的跌倒与爬起，都如同花开花落一般，为我们今后的人生道路做下了铺垫。成长的过程好比在沙滩上行走，一排排歪歪曲曲的脚印，记录着我们成长的足迹，只有经受了挫折，我们的双腿才会更加有力，人生的足迹才能更加坚实。

　　既然挫折一定会不期而至，我们应该以怎样的平常心来面对呢？

　　博恩·崔西所著的《胜利》一书中，讲述了一个关于丘吉尔的故事。

　　1941年，英国正处于第二次世界大战中最阴暗的日子里。有人要求温斯顿·丘吉尔向德国求和，但是被他拒绝了。当时，丘吉尔正面临着德国在欧洲的压倒性的军事优势，而美国又明确表示不会再卷入欧洲地面战争。为什么丘吉尔拒绝寻求达成某种和平协议，以结束战争呢？

　　丘吉尔说："肯定会出现某种状况，把美国卷入战争，这样就可以使战争急转直下。"

　　有人问他为什么那么自信地认为肯定会出现那样的状况，他回答说："因为我研究过历史，历史告诉我，如果你坚持的时间够长，就肯定会出现转机。"

我们今天所面对的绝大多数挫折和丘吉尔在二战中所面对的巨大挑战相比根本无足轻重，关键是看你能不能以平常心来看待，并且坚信能够等到转机的出现。

在挫折面前，我们不要浪费时间去为已经无法改变的事情担忧，因为忧愁对事情毫无助益。分析眼前的情况并寻求解决的办法更加重要。任何事情都不是一成不变的，而是随着时间的推移在不断地发生变化，明白这一点，你就会乐观起来。

不妨尝试按照下面叙述的过程，去从容地应付每一次失败，每一个挫折。

（1）要卸掉思想的包袱。一个人无法永远控制情势，但是，可以选择面对困境的态度。不管你做得有多么的糟糕，都要知道挫折是任何人都无法避免的，这个认识有助于你正确地去理解和面对挫折。

（2）要重视挫折，及时总结经验，想出更好的改进办法。知道下一次怎么样可以做得更好一点，然后把这个教训牢牢地记在心中，并且永远不要在同一个地方摔倒两次。教训是挫折所能给人的最大的教益，或者说，经验也正是由此积累而来。如果必要的话，你还要把这个教训用一个专门的本子记下来，并时常温习，因为人类是很容易"好了伤疤忘了疼"的。只要你耐心地去总结，不断地去找出改进的方法，你就会变得越来越成熟，越来越聪明，越来越有职业和人生的经验，而且越来越少地犯不必要的错误。毛主席曾经说过，他的一辈子就是靠不断地总结经验来吃饭的。

（3）要勇敢地去承担后果，同时，还要原谅自己。新的机会每天都在出现，但是，没有什么比背着沉重的精神包袱更能伤害一个人的健康和意志了，而一个人如果不能勇敢地面对问题，也就无法原谅自己，他就永远活在了过去，而无法去面对明天和未来。比起昨天的挫折和失败，更加重要的是接下来你的所作所为，因为这才决定明天你会收获什么。

（4）用最快的速度行动起来，全力以赴地去做下一件事。行动，是摆脱沮丧最好的办法。哪怕是最微不足道的行动都是治疗心理创伤最好的办法，情绪无法被理智说服，但却往往被行动所改变，这是人类最奇妙的现象之一。即便你只是收拾了一下家务，做了一顿美味的饭菜，出去散散步，在大自然中运动了一会儿，都会使你的状况和心情有所改观，而这份小小的成就感，可以重新帮助你找到自信。

（5）要相信时间会帮你的忙。看看是否还有办法去补救或挽回，如果面对的是一时无法改变的局面，如丘吉尔一般地去忍耐和等待，并相信时间一定会帮你的忙。

战胜挫折的心理对策

在我们的生活中，绝大部分恐惧都是没有存在理由的，往往是对自己缺乏信心而造成的。例如在面对困难时表现出情绪低落、畏惧困难、恐慌等。而成功的大敌就是犹豫不决、怀疑及恐惧，当你被疑虑和忧惧缠身，对自己没有信心时，也就丧失了成功的机遇。

每一次逆境中都隐藏着成功的契机，就像一颗种子，需要勇气、信心及创造力，才能培育它，使它萌芽、茁壮成长并且开花结果。

西弗吉尼亚的理查·载维斯就是一个身处逆境而不丧失自信的典型事例。他为了煤矿事业奋斗一生，却在经济大恐慌中失去了一切。他不愿意宣告破产，因为他相信自己能够重新崛起。经过自己不断的努力，他终于克服了重重困难和挑战，还清了沉重的债务。

成功者不一定具有超常的智能,命运之神也不会给予任何特殊的照顾。相反,几乎所有的成功者都经历过坎坷、命运多难,他们是从不幸的境遇中奋起前行的。在他们看来,压力也就是动力。

著名心理学家贝弗里奇说得好:"人们最出色的工作往往是在处于逆境的情况下做出的。思想上的压力,甚至肉体上的痛苦都可能成为精神上的兴奋剂。很多杰出的伟人都曾遭受过心理上的打击及形形色色的困难。"他还指出:"忍受压力而不气馁,是最终成功的要素。"

19世纪末,美国康乃尔大学做过一次有名的青蛙实验。他们把一只青蛙冷不防丢进煮沸的油锅里,这只青蛙在千钧一发的生死关头突然用尽全力,一下子跃出了那必将使它葬身的滚烫的油锅,安全逃生。

半小时后,他们使用同样的锅,在锅里放满冷水,然后把那只第一次死里逃生的青蛙放到锅里,接着他们悄悄地在锅底下用炭慢慢烧。青蛙悠然地在水中享受"温暖",等到它感觉到热度已经熬受不住,必须奋力逃命时,却为时已晚,它欲试乏力,全身瘫痪,终致葬身在热锅里。

这个实验给我们提示了一个残酷无情的事实,当生活的重担压得我们喘不过气,挫折、困难堵住了四面八方的通道时,我们往往能发挥自己意想不到的潜能,杀出重围,开辟出一条活路来。可是在耽于安逸,贪图享乐或是志得意满,维持功名的时候,反倒阴沟里翻船,弄得一败涂地,不可收拾!人生的一切不正是如此吗?现代生活中,每个人都可能遭遇挫折。面对困难和挫折,许多人常常会痛苦、自卑、怨恨,失去希望和信心。

受挫后,如果不善自我调适,而使心理失衡,不仅影响人的工作、生活,还严重影响人的健康。受挫后如何防止消极结果的产生？现提供几种心理对策。

倾诉法。即将自己的心理痛苦向他人倾诉。适度倾诉，可以将失控力随着语言的倾诉逐步转化出去。倾诉作为一种健康防卫，既无副作用，效果也较好，如果倾诉对象具有较高的学识修养和实践经验，将会对失衡者的心理给以适当抚慰，鼓起你奋进的勇气，受挫人会在一番倾谈之后收到意想不到的效果。

优势比较法。优势比较法即去想那些比自己受挫更大、困难更多、处境更差的人。通过挫折程度比较，将自己的失控情绪逐步转化为平心静气。其次寻找分析自己没有受挫感的方面，即找出自己的优势点，强化优势感，从而扩张挫折承受力，认识事物相互转化的辩证法。挫折同样蕴含力量，挫折刺激能激发的潜力，正确运转挫折的刺激，挖掘自身潜力。

目标法。挫折干扰了自己原有的生活，毁灭了自己原有的目标，重新寻找一个方向，确立一个新的目标，这就是目标法。目标的确立，需要分析思考，这是一个将消极心理转向理智思索的过程。目标一旦确立，犹如心中点亮了一盏明灯，人就会生出调节和支配自己新行动的信念和意志力，从而排除挫折干扰，去努力进行达到目标的行动。目标的确立是人内部意识向外部动作转化的中介，是主观见之于客观认识向实践飞跃的起始阶段。目标的确立标志着人已经从心理上走出了挫折，开始了下一步争取新的成功的历程。

第十章
从容淡定：
生命有了开始就会有结果的一天

你到底要什么？在内心深处你曾经问过自己吗？如果问过，你满意自己的回答吗？你面临最大的问题，是要克服心灵深处的混乱，追求从容淡定的生活境地。因为，从容才会淡定，淡定就有希望，不管最终的结果如何，我们需要关心脚下迈出的每一步。万事万物都是依循这个简简单单的道理在运行，只要生命有了开始，自然会有果实累累的一天。

人性密码

养成良好的生活习惯

习惯的力量是极其巨大的，它甚至可以主宰人们的命运。一些不良习惯的延续，会让人们成为生活的奴隶。那些不知不觉中养成的坏习惯，常常会成为人们提高工作效率与获得事业成功的大敌。

我们都知道养成良好的习惯对我们自身是很有好处的，但是要养成良好的习惯并不是一件轻而易举的事，因为人并不是单纯地受理性支配，还要受自己思维和行为惯性的制约。所以，要养成良好的习惯首先需要克服这些惯性作用，如何来克服这些惯性呢？

第一，要认识你要养成的良好习惯的意义。清楚你一旦养成这个习惯后，对你将意味着什么，这样会激起你欲养成该习惯的强烈的愿望。一旦有了这种强烈愿望，你就可以把这些意义和愿望都写下来，贴在自己经常看到的地方以提醒自己。

第二，要制订习惯养成计划。这个计划要有足够的长度，要想在三天两天就养成一个好习惯是很不现实的，一般至少要订3周以上的计划，计划要随身携带，用以督促自己的行动。每天要求自己在同一时间和同一地点按着计划重复某一行为，若做到了就在计划上画个记号，体会一下完成任务给自己带来的好处，这其中定时和定点对养成习惯是非常必要的。

第三，要为自己养成良好的习惯创造有利的条件。如果你想养成运动的习惯，就要为自己创造易于运动的条件，如：平时要穿运动装、运动鞋，并把运动器械放在自己伸手可及的地方，这样行动起来比较方便,自然容易养成习惯。同理,若要养成复习的习惯,你也需要为复习提供方便,比如在书桌上只摆放当天的笔记,不摆放书和其他杂物,并把最需要复习的科目的笔记摆在最上面。你也可以把要复习的内容做个便条放在兜里随时翻看。

第四,要进行自我赏罚。实行赏罚时要做到罚得及时,奖得适当。若自己没有做到按计划行动就要对自己实行双倍任务量的惩罚,一旦自己坚持了3天或者5天,就要满足一下自己的愿望作为对自己耐力的奖赏。

以上都属于自我控制法,此外你也可以采取环境或者他人控制法。比如你可以将自己要养成的习惯及其期限公布于众,这样无形中就会对自己产生一个欲兑现诺言的压力,使你不能松懈,自然有利于你形成习惯。另外还可以经常和那些具有良好习惯的人为伍,不断向他们学习,这样你就会受到他们身上的好习惯的影响,慢慢地自己也就养成了这种好习惯。总之,养成良好习惯对人生的意义是非常重大的,每一个良好习惯的形成都会为你开拓一方精神的疆土,把你带到一个崭新的境地。你渴望有一个良好的习惯吗?那么就不妨按上述方法试一试吧。

不必走得太匆忙

其一,不是每个人都能健康地活到60岁。其二,就算你60岁后还有余力走世界,你的心境,你看到的世态人情,也与35岁时不一样。

可口可乐总裁曾说:"我们每个人都像小丑,玩着5个球,这5个球是工作、健康、家庭、朋友、灵魂。这5个球只有一个是用橡胶做的,掉下去会弹起来,那就是工作。另外4个球都是用玻璃做的,掉了,就碎了。"

工作不是你的全部,要学会衡量、比较和调整,让手中的这5个球有序地运转起来,只有这样,才能完成精彩的人生表演!现代社会竞争激烈,很多人为了功名而奔波劳碌,甚至心力交瘁、头破血流,而实际上追求功名往往意味着失去。别人用一个小时去工作,我要用两个小时;别人用8个小时休息,而我只能用6个小时;别人漫不经心地把事做完,我却要认认真真地把事做好……于是,追求功利的背后,我们失去了本应该属于我们的健康、笑容和感情。

就算到最后,你真的得到了梦寐以求的东西,回过头来再看看自己失去的,这真的是你想要的吗?你想要的究竟是什么?

海棠从她工作了14年的公司辞职了。问她此去何以为生,她回的短信似玩笑:去立交桥下擦皮鞋。

当然,才女海棠最终也没有申领执照去擦皮鞋,她入了一个新行当,就是与形形色色的房客打交道,吃租金过日子。高兴时也替别人做一点设计、摄影或撰稿。其实这些设计和约稿换得的收入并不稳定,海棠的日常用度,还是靠两套多余的房子。

海棠淡淡地说:应对日常生活,这点租金足够了。她买蔬菜荤食不去超市,改去菜市场;自己对镜剪发并学习漂染头发;看书去图书馆,看电影租DVD;海棠甚至学会了自己晒干茉莉和药菊,自己买草药来配花草茶;自己做锦缎靠垫来装饰房间,自己做漂亮的手模饼干来招待朋友。

海棠的感叹是:"从前我以为自己需要的是那么多,月薪七千也感觉像穷人;现在发现自己需要的是那么少,所赚不多,也天天有唱歌欲望。"

海棠是有榜样的。2002年,她在硅谷任程序员的朋友也辞职做房东去了。平时靠当程序员时购下的多余住宅出租度日,每年，替出版商写两个剧本，能卖出去就立刻买火车票周游世界……海棠问她为何不等到退休的法定年龄再归隐。她笑笑，说了令海棠目瞪口呆的两句话：

其一，不是每个人都能健康地活到60岁。其二，就算你60岁后还有余力走世界，你的心境，你看到的世态人情，也与35岁时不一样。

何必走得如此匆匆，把生命的光彩全都抹去呢？难道这就是我们想要的一切——当最终事业有成时才发现，什么都有了，也什么都没了，人生原来就是一场空。

从容走过人生，你才会发现，其实每一步都可以走得很精彩。如果你的生活充满压抑，如果你的事业还在营造，如果你的感情开始麻木，那么，想一想吧，放慢你的脚步，从容享受人生。

不能成为工作狂

我们千万不要把工作当成生活的全部，更不要为了躲避生活中的烦恼而拼命工作。

有这样一群人，他们对工作达到痴迷状态，一旦离开工作，轻者无所事事、精神不振，重者思念过度、抑郁成疾。每天工作超过10小时；从来没有周末和节假日的概念；基本没有上下班的界限，家别名为有床的工作地点，办公室俗称加班时随时可以躺倒睡觉的"家"；偶尔陪家人逛街散心，也多半心不在焉，脑子中依然是工作萦绕。

科学家研究发现，工作狂和酗酒一样，其实是一种病，现在很多人遭受这种病的困扰。如果从工作狂为生计而工作的观

-167-

点看，他们这种疯狂的工作状态是可以理解的，但这种工作状态对心理、生理都没有好处，对家庭生活也没有好处。如此状态持续5年，则会产生诸多毛病，如高血压、失眠、长期头痛、腰酸背痛等。

很多人选择用工作的方式逃避生活中的不愉快，殊不知用工作方式逃避生活的烦恼，不但不能解决问题，而且还会使病情进一步恶化，所以这种方法不可取。许多心理专家认为这些人经常感到忧虑，他们不能把工作委托给别人，而且幻想他们能够在任何时候控制局面。

有一项关于工作狂的诊断测试（以下答案"是"越多，则危险系数越高）：

1. 对工作的狂热和兴奋程度，超过家庭和其他事情。
2. 工作有时有薪酬，有时没有。
3. 将工作带回家。
4. 最感兴趣的活动和话题是工作。
5. 家人和友人已不再期望你准时出现。
6. 额外工作的理由，是担心无人能够替你完成。
7. 不能容忍别人将工作以外的事情排在第一位。
8. 害怕如不努力工作，就会失业或成为失败者。
9. 别人要求你放下手头工作，先做其他事，你会被激怒。
10. 因工作而损害与家人的关系。

其实，工作狂并不是从小就喜欢工作，而是因为这些人心理出现了问题。在家庭中，即使是一个懒惰的人也可能把自己埋进工作中，继而成为工作狂。对未来忧虑者、孤独者，如果经常与朋友或家人交流，就能够解决心理上的问题。

心理学者就怎样才能阻止工作狂超常投入工作的问题，给予几点建议：

（一）应该认识到工作并不是生活的全部。生活中有很多更美好的事物和情感。要学会留意一下身边所发生的事情，例如如何使一个孩子在起步阶段提高素质,太阳是怎样越过地平线落下山头的,或者试着花比平常吃正餐多两倍的时间宠爱一条狗等。看电视的时候应有意识地让自己什么也不干,学会忽视一些事情的方法。

（二）要有一个良好的心态,从容地面对生活。给自己制订一个详细的生活规划,并且严格按照计划执行。当然,计划中要包括工作、休息和娱乐。

（三）不要给自己施加压力。不要总是说例如"我之所以不停地做事,全是为了孩子、妻子以及父母生活得更好"等。另外在工作之前,工作狂不妨先想想工作是为了满足生活乐趣,或者长时间工作会使家庭关系破裂等生活不幸,然后问问自己哪一种选择值得自己付出。与此同时,权衡一下自己为之奋斗的目标与家庭的关系。

（四）冷静面对批评。听到别人的批评时,注意自己的情绪波动。要仔细分析,不要一味在意别人的批评,从而影响到自己的情绪、观点和决定。但是,要认真回想别人对自己的看法,这样有助于从中接受正面客观的信息。

（五）坚持自己。在工作中难免会遇到困难,心灰意冷,影响工作情绪和效率。要始终相信自己面对挫折的能力。

现代社会竞争激烈,压力无处不在,工作中随时都可能遇到。压力无法回避,是必须承受的,面对才是解决的方法。但压力的应对方式却是可以选择和改变的。当面临压力或挫折的时候,对自己要充满信心,保持头脑清醒。相信自己可以从容地平衡好失业和家庭的关系,千万不要把工作当成生活的全部,更不要为了逃避生活中的烦恼而拼命工作。

人性密码

张弛之道

我们都有时间,并且可以试着改变自己。

现代社会人们的步伐越来越快,总有干不完的事,走不完的路,唯恐一不小心落伍了,或被社会淘汰了。人们的神经绷得紧紧的,神情严肃,除了应该笑时平时少有笑容,越在发达的都市这种情况越甚,于是都市人发出一声感叹,活着太累了。

有一位猎人看到一件有趣的事情。有一天,他偶然发现村里一位十分严肃的老人与一只小鸡在玩说话游戏。猎人好生奇怪,为什么一个生活严谨、不苟言笑的人会在没人时像一个小孩那样快乐呢?

他带着疑问去问老人,老人说:"你为什么不把弓带在身边,并且每时每刻把弦扣上?"猎人说:"天天把弦扣上,那么弦就失去弹性了。"老人便说:"我和小鸡游戏,理由也是一样。"

生活也一样,每天总有干不完的事。但是,你有没有仔细想过,如果天天为工作疲于奔命,最终这些让我们焦头烂额的事情也会超过我们所能承受的极限。

因为人们的生活起居没了规律,所以患职业病者、情绪不稳者、心理失衡者甚至猝死者,时有发生,给人们生活、工作及心理上造成无形的压力。

这时,需要我们换一种心情,轻松一下,学会放下工作,试着做一些其他的运动,以偷得片刻休闲,消去心中烦闷。记得有一位网球运动员,每次比赛前别人都去好好睡一觉,然后去练球,他却一个人去打篮球。有人问他,为什么你不练网球?

他说,打篮球我没有丝毫压力,觉得十分愉快。对于他来说,换一种心态,换一种运动方式,就是最好的休闲。

你每天行色匆匆,为了生存为了生活而奔波劳碌,你说根本没有时间。当今社会形势瞬息万变,随着生活节奏的加快,争时间抢速度已成为市场经济这个大环境中的普遍现象。

小义在一家知名外企工作,现在他怀疑自己得了健忘症。和客户约好了见面时间,可搁下电话就搞不清是10点还是10点半;说好一上班就给客户发传真,可一进办公室忙别的事就忘了,直到对方打电话来催……小义感觉自从半年前进入公司后,陀螺一样天旋地转地忙碌,让他越来越难以招架,快撑不住了。"那种繁忙和压力是原先无法想象的,每人都有各自的工作,没有谁可以帮你。我现在已经没什么下班、上班的概念了,常常加班到10点,把自己搞得很累。有时想休假,可假期结束还有那么多的活,而且因为休假,手头的工作会更多。"他无奈地向朋友诉苦。

其实,在实际工作当中,类似于小义的这种情况时常发生,尤其是在外企拿高薪的工作人员。

据有关统计,在美国,有一半成年人的死因与压力有关;企业每年因压力遭受的损失达1500亿美元——员工缺勤及工作心不在焉而导致的效率低下。

在挪威,每年用于职业病治疗的费用达国民生产总值的10%。

在英国,每年由于压力造成1.8亿个劳动日的损失,企业中6%的缺勤是由压力相关的不适引起的。

其实,我们都有时间,并且可以试着改变自己。当你下班赶着回家做家务时,你不妨提前一站下车,花半小时,慢慢步行,到公园里走走。或者什么都不做,什么也不想,就是看看身边的景色,放松一下自己的心情,肯定会有意想不到的效果。

给工作排序

请记住，你永远都有工作，工作对你来说永远没有结束的时候，所以要学会放下，学会休息。

有位老和尚，养了一条狗。这条狗的名字很怪，不叫小花、大黄、小黑、小白，更不是旺财、来福，这位大师给它起名叫——放下。每日黄昏，他都要亲自去喂它。落日下，只见诵了一天经的老和尚端着饭食，来到院子里，一声声地喊着爱犬的名字：放下，放下——

一次，这个情景被一个小女孩看到，她疑惑地跑去问："大师，你为什么给它取名叫'放下'呢？这个名字好怪哦。"

大师笑着说："小姑娘，你以为我真的在叫它吗？我是在告诉我自己，要放下。"

大师就是大师，养的狗的名字都如此有哲理。其实大师就是在告诉自己，每天，日子即将结束的时候，要放下自己的事情，学会休息，因为永远没有做完的工作。

如果你是企业的领导，要知道很多事不必躬亲，大胆让部属去做也可以做得很好。但有时候，即使你把权力授予得很好，企业的目标你也很明确，可还是觉得有很多工作令你忙得焦头烂额，这如何是好呢？

有位总经理曾讲过自己的一个故事。一次，董事长在中午下班前5分钟告诉他，中午一起吃饭，说完董事长就下楼，去车里等他了。可这位总经理回到办公室后东忙西忙，电话不断，又收传真又签字，忙了半天才下去。董事长早已经在自己的大奔里等得不耐烦了。这位总经理笑着对董事长说:"老大(他们是好朋友),电话太多。"董事长看了看他说:"吃饭都赶不上,你还能干什么?我说吃饭就吃饭,我让放下就放下,你没那么伟大,工作永远没有做完的时候。"

如果你的生活也是这种状态,请记住,你永远都有工作,工作对你来说永远没有结束的时候,所以要学会放下,学会休息。

企业的高层管理者每天都承受着巨大的心理压力,有的管理者甚至心理状态出现异常:语无伦次、过度紧张、效率低下。

美国有一位企业的董事长发现自己被工作压得喘不过气来,行为都变得异常了,就为自己找了一件事做:钉纽扣。他一感到心烦意乱手足无措的时候,就会停下工作,在一块布上钉一颗纽扣。后来纽扣钉得越来越多,好几块布上都钉满了各种各样的纽扣。再后来他把这一爱好进行了普及,很多时候,员工都会看到他一个人坐在办公室里削铅笔,或者帮其他员工削铅笔,再后来发展到帮员工煮咖啡、倒垃圾……看上去简直就像个小勤杂工一样。但他并没有放下自己那些重要的工作,而是把更多的时间放在放松自己、让自己休息的简单劳动上,而不是那些永远都没完没了的、其实并不重要的工作上面。一年后,他的精神状态恢复了正常,但他再也没有像以前那样拼命地工作了,而是把工作分成3种:必须自己做的、可以交给别人做的、可以完全放下的。后来,工作对他来说变成一件快乐的事,他也不用靠钉纽扣、削铅笔来解放自己了,如今他可以去打高尔夫球,可以去游泳——他发现了新的工作方式。

和他一样,美国汽车公司总裁无端要求秘书给他的呈递文件放在各种颜色不同的公文夹中。红色的代表特急;绿色的要立即批阅;橘色的代表这是今天必须注意的文件;黄色的则表示必须在一周内批阅的文件;白色的表示周末时须批阅;黑色的则表示是必须他签名的文件。

把你的工作分出轻重缓急,条理分明,你才能在有效的时间内，使你工作游刃有余，事半功倍。

当你过于注意细节的时候，是在一点一点地浪费你的人生。如果你认为只有焦头烂额、忙忙碌碌地工作才可能取得成功，那么，你错了。

管理学认为，事情总是朝着复杂的方向发展，复杂会造成浪费，而效能则来自于单纯。在你做过的事情中可能绝大部分是毫无意义的，真正有效的活动只是其中的一小部分，而它们通常隐含于繁杂的事物中。找到关键的部分，去掉多余的活动，成功并不那么复杂。

这就是管理学中的奥卡姆剃刀定律：如无必要，勿增实体。

给心灵"减负"

干脆地舍弃吧，轻轻松松地上路，多一些时间来听花开花谢，多一些时间来关照日升日落，多一些时间来走向你心中的远方。

在人生道路上，唯有摆脱心灵的污染，才有可能避免误入阻碍我们前进的岔路，陷入歧途。

就目前的潮流来看，无论是人际关系、社会结构或家庭关系，都同样有复杂化的趋势。然而，人们又不约而同地用一种简化的公式来处理这些关系。用"简单"的态度来处理事务，不仅能得到事半功倍的效果，同时也能将生活带入一种节奏明快的韵律之中。

其实，使事物变得复杂是很容易的，但若想将事物简化成有条不紊的情况就要动动脑筋了！《唐·吉诃德》里有一个片段：桑丘问表弟说："世界上第一个翻跟头的是谁？"表弟回答说："这个问题我一时回答不上，等我以后回书房去翻翻书，考证一番，下次见面，再把答案告诉你吧。"桑丘过了一会儿对他说："刚刚问的这个问题，我现在已经想到答案了：世界上第一个翻跟斗的是魔鬼，因为他从天上摔下来，就一直翻着跟斗，跌到了地狱。"

看到这里你也许会忍俊不禁，原因是桑丘的回答非常简单，但它也包含着一种极其朴素的智慧，正如他的主人表扬他说，桑丘，你说出来的话，往往超过你的智慧呢。有些人煞费苦心，进行考证，但得出的结论往往既不能增长见识，也不能增添常识，真是毫无意义。

其实，生活、学习、工作中的很多事情都很简单，大可不必费九牛二虎之力去伤透脑筋，人生、爱情、理想也是如此，很多时候都只是相当于一年级的数学一样，或者根本就没有上过学、一字不识的人看待鸡兔同笼这一问题时的思维一样——打开笼子数数不就知道了？干嘛费那么大力气列那许多方程式来计算！更重要的是干嘛把鸡和兔子关在同一个笼子里呢——只不过有的时候人们走了太多太远太辛苦的路，却意识不到有些路是根本就不必走的。有些人看到别人走，自己也就拼命地赶路，认为在走了很多辛苦路之后就会有天堂，可是谁知道天堂就在他原来所在的地方，就在他一路行走的过程中，或者根本就没有什么天堂。

可见世界上没有复杂的事情，只有复杂的心灵和黑洞般没有边际不知深浅的欲望。这就像一棵树，细看来是许多的枝，再看是无数的叶，再看是数不清的细胞。其实，它只是一棵树，一棵树而已。一切问题都是可以化为简单的，正如计算机里所有问题都只有两个答案：是或者不是。

我们要保持积极、乐观、向上的生活态度。生命太短暂，一生不过短短数十年，哪经得起那么多无谓的折腾；同时要学会该舍弃的就丢掉，这也要那也想，须知我们的双肩载不动那么多的金钱、名誉、地位、情感、哀愁和怨恨。干脆地舍弃吧，轻轻松松地上路，多一些时间来听花开花谢，多一些时间来关照日升日落，多一些时间来走向你心中的远方。以一种快刀斩乱麻的方式，三下五除二地去做吧！防止心灵受到污染，就摆脱了使你的生活变得错综复杂的恼怒。不妨偶尔给心灵安排几次静修，从而为寻找内心的宁静带来一次次飞跃。

拥有发现美的眼睛

每个人都有一双眼睛，用以分辨事物，这是自然的造化。每个人还有一双眼睛，它不是长在脸上，而是长在心中，这就是心智的眼睛。

威尔·罗吉士是非常著名的幽默大师，他整天都是快乐的——即使在他失去什么东西的时候。这一方面得益于他乐观豁达的性格，一方面是他懂得如何用一颗平常心去看待得与失。

1898年冬天，威尔·罗吉士继承了一个牧场。

有一天，他养的一头牛，为了偷吃玉米而冲破附近一户农家的篱笆，最后被农夫杀死。依当地牧场的共同约定，农夫应该通知罗吉士并说明原因，但是农夫没这样做。

罗吉士知道这件事后，起初非常生气，于是带着佣人一起去找农夫论理。

此时，正值寒流来袭，他们走到一半，人与马车全都挂满了冰霜，两人也几乎要冻僵了。

好不容易抵达木屋，农夫却不在家，农夫的妻子热情地邀请他们进屋等待。罗吉士进屋取暖时，看见妇人十分消瘦憔悴，

第十章 从容淡定:生命有了开始就会有结果的一天

而且桌椅后还躲着5个瘦得像猴子的孩子。

不久,农夫回来了,妻子告诉他:"他们可是顶着狂风严寒而来的。"

罗吉士本想开口与农夫论理,忽然又打住了,只是伸出了手。

农夫完全不知道罗吉士的来意,便开心地与他握手、拥抱,并热情邀请他们共进晚餐。

这时,农夫满脸歉意地说:"不好意思,委屈你们吃这些豆子,原本有牛肉可以吃的,但是忽然刮起了风,还没准备好。"

孩子们听见有牛肉可吃,高兴得眼睛都发亮了。

吃饭时,佣人一直等着罗吉士开口谈正事,以便处理杀牛的事,但是,罗吉士看起来似乎忘记了,只见他与这家人开心地有说有笑。

饭后,天气仍然相当差,农夫一定要两个人住下,等转天再回去,于是罗吉士与佣人在那里过了一晚。

第二天早上,他们吃了一顿丰富的早餐后,就告辞回去了。

在寒流中走了这么一趟,罗吉士对此行的目的却闭口不提,在回家的路上,佣人忍不住问他:"我以为,你准备去为那头牛讨个公道呢!"

罗吉士微笑着说:"是啊,我本来是抱着这个念头的,但是,后来我又盘算了一下,决定不再追究了。你知道吗?我并没有白白失去一头牛啊!因为,我得到了一点人情味。毕竟,牛在任何时候都可以获得,然而人情味,却并不是很容易得到。"

世界不是缺少美,而是缺少美的发现。人改变了视觉,也就重新发现了一个新奇的世界,世界其实仍然是那个世界,太阳不会因为人们的视觉改变而成为月亮。我们拥有一个共同的世界,但我们却拥有不同的世界观。我们对这个世界有着不同的认识,不同的理解和看法。每个人都有一双眼睛,用以分辨事物,这是自然的造化。每个人还有一双眼睛,它不是长在脸上,而是长在心中,这就是心智的眼睛。这双眼睛比另一双更重要,

人性密码

它告诉我们的是如何看待身外的世界，如何看待自己。

故事中的罗吉士，失去了一头牛，却换得农夫一家人的笑容和幸福，这段经历，更让他懂得生命中哪些才是无价的。

有时候，当我们遇到挫折时，常常会怨天尤人，就好像全世界都在跟我们作对一样，甚至抱怨这世上没有人爱自己，有的人想法更悲观，他们会以自杀来表示抗议，这多可悲呀！其实，如果我们能够静下心来，细细品味我们周围的一切，一定会发现，在这个世界上，居然有那么多人疼我、爱我、帮助我，我多幸福呀！当你能够感受那份极为普通的爱的时候，相信你一定不会吝惜付出你的爱心给一些需要帮助的人。

爱是相互的，爱亦是平等的，它如同山谷的回音，你投入什么，就会得到什么；你播种什么，就会收获什么。想要博取别人的心，首先使别人能得到自己的心；要想别人成为自己的朋友，首先要使自己成为别人的朋友，心要靠心来交换，感情要用感情来博取。

第十一章
包容豁达：
在心中留出一片天地给别人

　　宽容是一种美德，它像催化剂一样，能够化解矛盾，使人和睦相处。诸如"退一步天高地阔，让三分心平气和""大肚能容，容天下难容之事；开口便笑，笑世上可笑之人"，这种不重表面形式的输赢，而重思想境界和做人水准高低的行为是高尚的。只有一个拥有豁达心态的人，才会学习在心中留出一片天地给别人。

超越局限的自身

　　容许别人有行动和判断的自由，对不同于自己或传统观点的见解有耐心公正的容忍。

　　有一天，一个强盗突然闯进禅院，向七里禅师抢劫："快把钱拿出来，不然就要你的老命！"七里禅师指指木柜说："钱在抽屉里，你自己拿吧，但请留下一点给我买食物。"强盗得手后正要逃走，七里禅师却把他叫住："收了别人的东西应该说声'谢谢'才对啊！"强盗扭头随便说了句"谢谢"便头也不回地跑了……

　　后来，这个强盗被捕了，衙差把他带到七里禅师面前："他交代曾抢劫过你的钱，是吗？"七里禅师说："他没有向我抢，钱是我自愿给他的，再说，他也谢过我了。"

　　这个人服刑期满之后，立刻来叩见七里禅师，真诚地恳求禅师收他为徒。七里禅师虚怀若谷的"宽容之心"，使强盗那邪恶的心灵在瞬间得到了净化，最终"放下屠刀，立地成佛"。

　　什么是宽容？汉语词典上说：宽容就是宽大有气量，不计较或追究。意思是说，对别人的伤害不计较和追究。而从《大英百科全书》见到的"宽容"一词的出处和原本的解释发现，中国人对宽容一词的理解和解释，比西方人狭隘了许多。《大英百科全书》上写道："宽容：容许别人有行动和判断的自由，对不同于自己或传统观点的见解的耐心公正的容忍。"

　　宽容的确是一种美德。温暖的宽容也的确让人难忘。

　　公共汽车上人多，一位女士无意间踩疼了一位男士的脚，

第十一章 包容豁达：在心中留出一片天地给别人

便赶紧红着脸道歉说："对不起，踩着您了。"不料男士笑了笑："不，不，应该由我来说对不起，我的脚长得也太不苗条了。"哄的一声，车厢里立刻响起了一片笑声，显然，这是对优雅风趣的男士的赞美。而且，身临其境的人们也不会怀疑，这美丽的宽容将会给女士留下一个美好印象。

一位女士不小心摔倒在一家整洁的铺着木板的商店里，手中的奶油蛋糕弄脏了商店的地板，便歉意地向老板笑笑，不料老板却说："真对不起，我代表我们的地板向您致歉，它太喜欢吃您的蛋糕了！"于是女士笑了，笑得挺灿烂。而且，既然老板的热心打动了她，她也就立刻下决心"投桃报李"，买了好几样东西后才离开了这里。

是的，这就是宽容——它甜美、温馨、亲切、明亮，它是阳光，谁又能拒绝阳光呢！丘吉尔在二战结束后不久的一次大选中，落选了。他是个名扬四海的政治家，对于他来说，落选当然是件极狼狈的事，但他却极坦然。当时，他正在自家的游泳池里游泳，是秘书气喘吁吁地跑了来告诉他："不好！丘吉尔先生，您落选了！"不料丘吉尔却爽然一笑说："好极了！这说明我们胜利了！我们追求的就是民主，民主胜利了，难道不值得庆贺？朋友劳驾，把毛巾递给我，我该上来了！"

真佩服丘吉尔，那么从容，那么理智，只一句话，就成功地再现了一种极豁达大度极宽厚的大政治家的风范。

还有一次，在一次酒会上，一个女政敌高举酒杯走向丘吉尔，并指了指丘吉尔的酒杯，说："我恨你，如果我是您的夫人，我一定会在您的酒里投毒！"显然，这是一句满怀仇恨的挑衅，但丘吉尔笑了笑，挺友好地说："您放心，如果我是您的先生，我一定把它一饮而尽！"

宽容是蔚蓝的大海，纳百川而清澈明净；宽容是高阔的天空，怀天下而不记仇恨怨愤；宽容是灿烂的阳光，送你甘霖送你和风；宽容是延续生命，生命的辉煌也只有闪烁的一瞬；宽

-181-

人性密码

容大度才能超越局限的自身,一语宽容,雨露缤纷,一生宽容,心系乾坤。

宽容走一生

人类社会正是因为有强烈的报复之心,你打我一拳,我还你一脚,才总是斗争不已。如果大家都有宽容仁爱之心,这个世界会好得多。

孔子的学生子贡曾问孔子:"老师,有没有一个字,可以作为终身奉行的原则呢?"孔子说:"那大概就是'恕'吧。""恕",用今天的话来讲,就是宽容。

相传春秋时期,楚王请了很多臣子来喝酒吃饭。席间歌舞妙曼,美酒佳肴,烛光摇曳。酒至兴处,楚王命令他最宠爱的两位美人许姬和麦姬轮流向各位敬酒。

忽然一阵大风刮过,吹灭了所有的蜡烛,厅堂里漆黑一片。席上一位官员乘机揩油,摸了许姬的玉手。许姬一甩手,扯了他的帽带,匆匆回到座位上。并在楚王耳边悄声说:"刚才有人乘机调戏我,我扯断了他的帽带,你赶快叫人点起蜡烛来,看谁没有帽带,就知道是谁了。"

楚王听了,连忙命令手下先不要点燃蜡烛。接着大声向各位臣子说:"我今天晚上一定要与各位一醉方休。来,大家都把帽子脱了痛饮几杯。"

众人都没有戴帽子,也就看不出是谁的帽带断了。

后来楚王攻打郑国,有一位勇士独自率领几百人,为三军开路。他过关斩将,直通郑国的首都。此人就是当年揩许姬油的那一位。他因楚王施恩于他，而发誓毕生效忠于楚王。

　　这个小故事讲的是宽容，楚王表现出了一代霸主的大度。在今天看来，这件事小得不能再小，男女同事之间还可以握握手嘛。但在当时的男女授受不亲的社会风气下，当事人还是国王的宠姬，性质就严重了。楚王非但不治罪，还想办法替他遮羞，这种胸襟，即便是别有用心，也能光耀千古了。

　　我们有时候可能受到过别人的伤害，而把自己的心情陷在深深的痛苦和烦恼之中不能自拔。其实上，痛苦往往是你自己找来的。面对已经发生过的伤害，只要咱们去正确地对待，去认真地分清哪些是有意的伤害和不经意间带给你的伤害，用一颗平常心和包容心对待它，你心中的烦恼就会减轻许多许多。

　　顾准的座右铭是："宁可天下人负我，我不负天下人。"一次，女同事张纯音与顾准争论："别人要是打了你的左脸，你再将右脸递上去，完全是一种奴隶哲学。我的观点是针锋相对，以牙还牙，以眼还眼。"顾准答："人类社会正是因为有强烈的报复之心，你打我一拳，我还你一脚，才总是斗争不已。如果大家都有宽容仁爱之心，这个世界会好得多。"

　　宽容了别人，等于善待了自己。它能使自己的生活变得轻松、快乐。经历过风和雨，才能领悟到人生的苦和乐，爱与恨，才知道人生中应该忘记什么，记忆什么，放弃什么，学会什么，那样才是举重若轻。人最该忘记的是你曾帮助的人，你最应该原谅的是曾经伤害过你的人；最该放弃的是功过是非、名利得失，最需要学会的便是宽容别人。

人性密码

给别人机会

　　善待他人的短处，可以使我们与他人和睦相处；宽容对待他人的长处，可以使我们不断进步。

　　宽容是成就事业的基石，化解矛盾的良药，利己利人的法宝。
　　曾有人问过托马斯·阿尔瓦·爱迪生，让爱迪生谈谈对小时候打聋他耳朵的那位列车员的看法。令人意外的是，爱迪生并没有大肆地辱骂那位列车员，他不以自己的声望去压倒列车员，而是幽默、机智地回答道："我感谢他，感谢他给我一个无人喧嚣的环境，使我能够专心致志地完成更多的试验、发明！"
　　爱迪生为发明电灯而寻找合适的发光材料，试验了上千次，仍以失败告终。这时有人劝他："你已经失败了上千次，还是放弃吧。"爱迪生则回答："不，我只是发现了上千种不适合的材料。"
　　正因为爱迪生能够以如此宽容的态度坦然面对挫折，始终以乐观的心情去接受生活的每个挑战，而不是沉浸于悲哀中不能自拔，才能成为名垂千古的大发明家。
　　宽容是一种美德，它像催化剂一样，能够化解矛盾，使人和睦相处。诸如"退一步天高地阔，让三分心平气和""大肚能容，容天容地，容天下难容之事；开口便笑，笑古笑今，笑古今可笑之人"，这种不重表面形式的输赢而重思想境界和做人水准高低的行为是高尚的。正如有位哲人所说："宽容是需要智慧的。"宽容体现了一个人的素养与气度，表现了人的思想水平。

第十一章 包容豁达：在心中留出一片天地给别人

善待他人的短处，可以使我们与他人和睦相处；宽容对待他人的长处，可以使我们不断进步。只有一个拥有智慧的人，才会学习在心中留出一片天地给别人。

有一次，发明大王爱迪生和他的助手们制作了一个电灯泡。那是他们辛苦工作了一天一夜的劳动成果。

随后，爱迪生让一名年轻学徒将这个灯泡拿到楼上另一个实验室。这名学徒从爱迪生手里接过灯泡，小心翼翼地一步一步走上楼梯，生怕手里的这个新玩意儿滑落。但他越是这样想，心里就越紧张，手也禁不住哆嗦起来，当走到楼梯顶端时，灯泡最终还是掉在了地上。

爱迪生没有责备这名学徒。过了几天，爱迪生和助手们又用一天一夜的时间制作出了一个电灯泡。做完后，还得有人把灯泡送到楼上去。爱迪生连考虑都没考虑，就将它交给了那名先前将灯泡掉在地上的学徒。这一次，这个学徒安安稳稳地把灯泡拿到了楼上。

事后，有人问爱迪生："原谅他就够了，何必再把灯泡交给他拿呢？万一又摔在地上怎么办？"爱迪生回答："原谅不是光用嘴巴说说的，而是要靠做的。"

宽容是修养，是品德，是内涵，是心态。在宽容面前，争吵和计较大可不必，即使你拥抱着真理，也不妨学些温柔，因为有朝一日说不定你也会犯不可挽回的错误；在宽容面前，赌气和嫉妒都是不好的习惯，不能善待别人的长处和毛病，你将会养成叫别人难以亲近和忍受的坏脾气；在宽容面前，过激最值得商榷，除非你不打算再交往。否则，还不如学学宽容，因为任何人都不可能没有你看不顺眼的缺点和惹你不快活的毛病。

人性密码

重要的是行动

当你用宽容的眼光去看待一件事时,你会发现它能丰富你的经历,对的,是踏向将来的基石,错的,是未来的借鉴,这种经历对人来说,就是一笔特殊的财富。

宽容他人是心胸豁达的表现,是一种非凡的气度,是对人对事的包容与接纳。有了这种气度、这种胸怀,就会海纳百川、包容万物。当你用宽容的眼光去看待一件事时,你会发现它能丰富你的经历,对的,是踏向将来的基石,错的,是未来的借鉴,这种经历对人来说,就是一笔特殊的财富。

二战时期,莱德勒少尉服役的美国海军炮艇"塔图伊拉"号停泊在威尔士。这天,他兴致勃勃地参加当地举办的一种碰运气的"不看样品的拍卖会"。

那位拍卖商是以恶作剧而闻名遐迩的,所以当拍卖一个密封的大木箱时,在场的人都肯定箱里装满了石头。然而,莱德勒却开价30美元,拍卖商随即喊道:"卖了!"

打开木箱,里面竟是两箱威士忌酒——在二战时,威尔士是极珍贵的酒。

于是,众人大哗,那些犯酒瘾的人出价30美元买1瓶,却被莱德勒回绝了,他说他不久要被调走,正打算开一个告别酒会。

当时,在威尔士的美国著名作家海明威也犯了酒瘾,他来到"塔图伊拉"号炮艇对莱德勒说:"听说你有两箱醉人的美酒,我买6瓶,要什么价?"

莱德勒婉言拒绝了。

海明威掏出一大卷美钞，说："给我6瓶，你要多少钱都行！"

莱德勒想了一想说："好吧，我用6瓶酒换你6堂课，教我成为一个作家，如何？"

海明威做了个鬼脸，笑道："老兄，我可是花了好几年工夫才学会干这行，这价可够高的。好吧，成交了！"

如愿以偿的莱德勒连忙递上6瓶威士忌。

接着的5天里，海明威不失信用地给莱德勒上了5堂课，莱德勒很为自己的成功得意，他以6瓶酒得到美国最出名作家的指点。海明威眨眨眼说："你真是个精明的生意人。我只想知道，其余的酒你曾偷偷灌下多少瓶？"莱德勒说："一瓶也没有，我要全留着开告别会用呢。"

海明威有事要提前离开威尔士，莱德勒陪他去机场，海明威微笑道："我并没忘记，这就给你上第6课。"

在飞机的轰鸣声中，他说："在描写别人前，首先自己要成为一个有修养的人……"

海明威接着说："第一要有同情心，第二能以柔克刚，千万别讥笑不幸的人。"

莱德勒说："这与写小说有什么相干？"

海明威一字一顿地说："这对你的生活是至关重要的。"

正在向飞机走去的海明威突然转过身来，大声道："朋友，你在为你的告别酒会发请柬前，最好把你的酒抽样检查一下！再见，我的朋友！"

回去后，莱德勒打开一瓶又一瓶酒，发现里面装的全是茶。他明白，海明威早就知道了实情，然而只字未提，也未讥笑人，依然遵诺践约。此时，莱德勒才懂得，海明威教导他要做一个有修养的人的含义。

很多时候，由于种种原因，许多人犯错误，大多是心理问题，而不是道德问题，对一些问题有不正确的看法或错误做法是难免的。海明威正是意识到了这一点，才巧妙地给莱德勒上了一课。

人性密码

其实，生活中，只要我们有一颗宽容的心，就可能会给那些犯错误的人很多帮助。

台湾的一位不知道姓名的禅师，住在深山简陋的茅屋修行，有一天散步归来，发现自己的茅屋遭到小偷的光顾。当找不到任何财物的小偷失望地离开时，却在门口遇见了禅师。原来禅师怕惊动小偷，一直站在门口等待，而且早就把自己的外衣脱下拿在手中。小偷回头看见禅师，正感到惊愕时，禅师却宽容地说："你走了老远的山路来探望我，我总不能让你空手而归呀！夜深天寒，你就带上这件衣服走吧！"说完，把衣服披到了小偷的身上。小偷不知所措，惭愧地低着头悄悄溜走了。

禅师看着小偷的背影渐渐消失在茫茫的夜幕深处，不禁叹道："唉，可怜的人，如此黑暗的夜晚，山路又是那样的崎岖难行，但愿我能送给他一轮明月，在照亮他心灵的同时，也照亮他下山的路就好了。"

第二天，当禅师从松涛鸟语的喧闹中醒来时，却惊讶地发现他送给小偷的那件外衣，已整整齐齐地叠好放回到茅屋的门口。老禅师的宽容，最终使小偷良心发现，归于正途。

宽容是最伟大的爱

宽容的境界要比"理解"高很多，但是理解却是宽容不可或缺的一部分，理解未必宽容，但是宽容却一定包含着相互理解。

毫无疑问，宽容是人类最高尚的美德之一，而且是那种最基础的美德。没有宽容，其他的美德几乎都是空中楼阁，成为无趣的标榜而已。10年前的"理解万岁"，曾经让无数人潸然

第十一章 包容豁达：在心中留出一片天地给别人

泪下，但是和宽容的境界相比，"理解"的确不算什么。有的时候理解和嘲讽、落井下石没有任何的矛盾，而宽容则和忍让、尊重、悲悯、毫不张扬等美德同生。宽容应该是人们的归宿，是储存一定的生命和阅历后，理所应该达到的一种境界。如果一个老年人雍容洒脱、虚怀若谷，我们会觉得是很自然很可亲的；但是一个人到了老年还是斤斤计较、心胸狭隘，上帝也会厌烦他。

宽容的人，永远是心态平和的人，他看世界的万物，就像是祖母看着调皮的孙子一样，眼神不禁流露出一种慈爱、关切；也像是你看着踩了你的脚、歉意地说着"对不起"的人那样，充满着理解和体谅。但是很可惜，要是超过了这个限度，一般的人们就开始叫苦不迭，甚至咒骂起来了。虽然，宽容的境界要比"理解"高很多，但是理解却是宽容不可或缺的一部分，理解未必宽容，但是宽容却一定包含着相互理解。所以在没有宽容氛围的环境下，人们彼此看着都不顺眼，冷眼相见，如果在其中加点利益的冲突，其结果更不可想象。

安徒生有一则童话叫《老头子总是不会错》，令人看后印象深刻，多有感悟。

乡村有一对清贫的老夫妇，有一天他们想把家中唯一值点钱的一匹马拉到市场上去换点更有用的东西。老头子牵着马去赶集了，他先与人换得一头母牛，又用母牛去换了一头羊，再用羊换来一只肥鹅，又由鹅换了母鸡，最后用母鸡换了别人的一大袋烂苹果。在每一次交换中，他倒真想给老伴一个惊喜。当他扛着大袋子来一家小酒店歇息时，遇上两个英国人，闲聊中他谈了自己赶场的经过，两个英国人听得哈哈大笑，说他回去准得挨老婆子一顿揍。老头子坚称绝对不会，英国人就用一袋金币打赌，如果他回家竟未受老伴任何责罚，金币就算输给他了，3人于是一起回到老头子家中。

老太婆见老头子回来了，非常高兴，又是给他拧毛巾擦脸又是端水解渴，听老头子讲赶集的经过。他毫不隐瞒，将过程

-189-

一一道来。每听老头子讲到用一种东西换了另一种东西,她竟十分激动地予以肯定。"哦,我们有牛奶了""羊奶也同样好喝""哦,鹅毛多漂亮!""哦,我们有鸡蛋吃了!"诸如此类。最后听到老头子背回一袋已开始腐烂的苹果时,她同样不愠不恼,大声说:"我们今晚就可吃到苹果馅饼了!"

其结果不用说,英国人就此输掉了一袋金币。

家庭生活夫妻之间最重要的基础是宽容、尊重、信任和真诚。即使对方做错了什么,只要心是真诚的,就应该重过程重动机而轻结果,这样才能有家庭的和睦,夫妻的恩爱。宽容是善待婚姻的最好方式,充分理解对方的行事做法,不苛求不责怨,如此,必然给对方以爱的源泉,婚姻一定如童话般妙趣横生,和美幸福。

爱是一门艺术,宽容是爱的精髓。

战胜自己的情绪

我们身上都有一种能使我们的感受产生变化的神奇力量,就是情绪。

在每个人的身上,都存在着这样一种神奇的力量,它可以使你精神焕发,也可以使你萎靡不振;它可以使你冷静理智,也可以使你暴躁易怒;它可以使你从容安详地生活,也可以使你惶惶然而不可终日。总之,它可以加强你,也可以削弱你,可以使你的生活充满甜蜜与欢乐,也可以使你的生活抑郁、沉闷、黯淡无光。这种能使我们的感受产生变化的神奇力量,就是情绪。情绪活动是无时不在、无处不在的,人人皆有情绪。许多人至

第十一章 包容豁达：在心中留出一片天地给别人

今对情绪的重要认识不足，把情绪活动仅仅看作是一种因外部条件所引起的偶然的感情变化，是一种无关紧要的、暂时的精神状态，听其自然，很少进行有意识的控制与调节，结果是积极健康的情绪得不到很好的保护，消极不良的情绪也得不到及时的调解，从而使人常常受到不良情绪的压抑与伤害。所以人们应学会控制与调节自己的情绪。

楚汉之争时，项羽将刘邦父亲五花大绑陈于阵前，并扬言要将刘公剁成肉泥，煮成肉羹而食。项羽意在以亲情刺激刘邦，让刘邦在父情、天伦压力下，自缚投降。刘邦很理智，没有为情所蒙蔽，他的大感情战胜了儿女私情，他的理智战胜了一时心绪，他反以项羽曾和自己结为兄弟之由，认定己父就是项父，如果项某愿杀其父，剁成肉羹，他愿分享一杯。刘邦的超然心境和不凡举动，令项羽所想不到，以至无策回应，只能草草收回此招。

三国时，诸葛亮和司马懿祁山交战，诸葛亮千里劳师欲速战决雌雄，司马懿更能，他以逸待劳，坚壁不出，欲空耗诸葛亮士气，然后伺机求胜，诸葛亮面对司马懿的闭门不战，无计可施，最后想出一招，送一套女装给司马懿，羞辱他如果不战小女子是也。古人很以男人自尊，尤其是军旅之中。如果在常人，定会接受不了此种羞辱。司马懿另当别论，他落落大方地接受了女儿装，情绪并无影响，而且心态继续甚好，还是坚壁不出。连老谋深算的诸葛亮也对他几乎无计可施了。

这都是战胜了自己情绪的例子。生活中，更多是成为情绪俘虏的例子。

诸葛亮七擒七纵孟获之战中，孟获便是一个深为情绪役使的人，他之所以不能胜过诸葛亮，非命也，实人力和心智不及也。诸葛亮大军压境，孟获弹丸之王，不思智谋应对，反以帝王自居，小视外敌，结果一战即败，完全不是对手。孟获一战即败，应该坐下慎思，再出奇招，但他却自认一时晦气，再战必胜。

人性密码

再战，当然又是一败涂地。如此几番，把个孟获气得浑身激颤。又一次对阵，只见诸葛亮远远地坐着，摇着羽毛扇，身边并无军士战将，只有些文臣谋士之类。孟获不及深思，便纵马飞身上前，想直取诸葛亮首级。结果，诸葛亮的首级并非轻易可取，身前有个陷马坑，孟获眼看将及诸葛亮时，却连人带马坠入陷阱之中，又被诸葛亮生擒。孟获败给诸葛亮，除去其他各种原因，孟获生性爽直、缺乏脑筋、为情绪蒙蔽，也是一个重要的因素。

情绪误人误事，不胜枚举。一般心性敏感的人，头脑简单的人，年轻的人，易受情绪支配，头脑容易发热。问一问你自己，你爱头脑发热吗？你爱情绪冲动吗？检查一下你自己曾经因此做过哪些错事、傻事，以警示自己的未来。

如果你正在努力控制情绪的话，可准备一张图表，写下你每天体会并且控制情绪的次数，这种方法可使你了解情绪发作的频繁性和它的力量。一旦你发现刺激情绪的因素时，便可采取行动除掉这些因素，或把它们找出来充分利用。将你追求成功的欲望，转变成一股强烈的执着意念，并且着手实现你的明确目标，这是使你学得情绪控制能力的两个基本条件，这两个基本条件之间，具有相辅相成的关系，而其中一个条件获得进展时，另一条件也会有所进展。

保持微笑

自我的微笑是心中美好愉悦情感的自然流露，来自生活，发于心脑，现于脸庞，乐于全身，是心灵的净化剂。

微笑是肢体语言里最普通也最难得的交流方式。微笑可以熔化冷淡,可以化干戈为玉帛,可以缩短人与人之间的距离等。美国纽约一个知名酒店的人事经理说过:如果一个女孩子经常发出可爱的微笑,那么她就是小学文化我也乐意聘用;要是一个哲学博士老是摆个扑克牌的面孔,就是免费来当我的服务生,我也不要。看来微笑不是个人的事,它关系到企业形象,关系到企业的兴旺发达。

大卫·史汀生是美国一家小有名气的公司总裁,他还十分年轻,并且几乎具备了成功男人应该具备的所有优点。他有明确的人生目标,有不断克服困难、超越自己和别人的毅力与信心;他大步流星,雷厉风行,办事干脆利索,从不拖沓;他的嗓音深沉圆润,讲话切中要害;而且他总是显得雄心勃勃,富于朝气。他对于生活的认真与投入是有口皆碑的,而且,他对于同事也很真诚,讲求公平对待,与他深交的人都为拥有这样一个好朋友而自豪。

但初次见到他的人却对他少有好感,这令熟知他的人大为吃惊。为什么呢?仔细观察后才发现,原来他几乎没有笑容。他深沉严峻的脸上永远是炯炯的目光、紧闭的嘴唇和紧咬的牙关。即便在轻松的社交场合也是如此。他在舞池中优美的舞姿几乎令所有的女士动心,但却很少有人同他跳舞。公司的女员工见了他更是如同虎豹,男员工对他的支持与认同也不是很多。而事实上他只是缺少了一样东西,一样足以致命的东西——一副动人的、微笑的面孔。

很多时候,微笑的力量是惊人的。有微笑面孔的人,就会有希望。因为一个人的笑容就是他好意的信使,他的笑容可以照亮所有看到它的人。没有人喜欢帮助那些整天皱着眉头、愁容满面的人,更不会信任他们。在很多人看来,一个人不会微笑,与一个人不能看见,不能听见,不会说话,不会走路都是同样不幸的。因为微笑不仅仅是一个简单的动作,简单地让肌肉运动,更多地还是反映了一个人的内心世界。

人性密码

　　自我的微笑是心中美好愉悦情感的自然流露,来自生活,发于心脑,现于脸庞,乐于全身,是心灵的净化剂。自我的微笑就如清泉缓缓流出,流经青青洁净的山石,流经山花烂漫的崖畔,涌现于山的脸庞,显现出一种无与伦比的柔美。

　　对他人的微笑,是对他人的理解和欣赏,是赞美,是关爱,是一种最美妙的信息。对他人来说,你的微笑是一朵美丽的花,是夜幕里闪烁的星,是冬天里的一把火,是夏日里一股清凉的风。你的微笑给别人送去了美丽与愉悦。当他人也回报你以微笑的时候,那是心灵的交会,是情感的交融;对他人,多了解,多交流,你就会发现他人的美丽,你的微笑也就会如清泉流泻。

　　群体的微笑,那是人间开放得最美丽的花朵,繁花似锦,五彩缤纷。在大自然的春天里才会有万紫千红,在高度文明的社会里才会有群体的微笑。微笑,是最高贵、最美丽情感的流露,如果没有丰富的知识、良好的教养、高尚的道德作底衬,没有聪明、真诚作陪衬,那你的微笑恐怕会带有傻气、痴气、呆气吧。学会微笑,先要做一个好人,做一个聪明的人,做一个高雅的人。当这个社会上每一个人都会微笑,自己由衷地微笑,对他人真诚地微笑的时候,那就是这个社会的至善至美之境吧!生活就像一面镜子,你对它微笑,它就对你微笑,笑对生活的每一天,你会有巨大收获。笑是一种态度,笑是一种境界,笑是一种品格。

提升你的 EQ

　　美国研究应激反应的专家理查德·卡尔森说:"我们的愤怒有80%是自己造成的。"

第十一章　包容豁达：在心中留出一片天地给别人

一个人在深山中，好像看到一只猛虎，便神色慌张地跑起来。遇到第二个人，他说："快逃啊，老虎来了。"于是第二个人也跟着逃跑。又遇到第三个人、第四个人……大家听说老虎来了，又看到逃跑的人神色如此慌张，也就不假思索争先恐后地一起逃跑。也许他们的惊恐都是盲目的，没有人冷静下来想一想，是不是真的有虎？即使有虎，现在有这么多人，是人怕虎，还是虎怕人？

我们都会遇到情绪的困扰，高 EQ 者能够在不良情绪到来时保持冷静的思考，而低 EQ 者却是盲目地恐慌。

因此，并不是所有不良的情绪产生都是有现实根据的，许多不良情绪不过是人们对事情的真实情况缺乏了解，盲目地滋长起来的。通常只要冷静地、理智地分析一下，自己对事物的认识是否正确？是否确实可忧、可惧、可怒？分析明白了，就会发现事情并不像自己想象的那么严重，不良情绪也就不解自消了。

对于盲目滋生起来的不良情绪，需要借助于理智来消解。比如，有人当众给你提了许多意见，正确的方法应该是理智地分析一下，别人为什么会给自己提意见？是有意让自己难堪，还是真诚地关心帮助自己？所提的意见是否有道理？通过理智地分析，问题就会明了，气愤的心情就会自然而然地平息下来了。

情商高的人在消解不良情绪时，通常采取三个步骤：首先，必须承认不良情绪的存在；其次，分析产生这一情绪的原因，弄清楚为什么会苦恼、忧愁或愤怒；第三，如果确实有可恼、可忧、可怒的理由，则寻求适当的方法和途径来解决它。

堵车堵得厉害，交通指挥灯仍然是红灯，而时间很紧，你烦躁地看着手表的秒针。终于亮起了绿灯，可是你前面的车子迟迟不起动，因为开车的人思想不集中。你愤怒地按响了喇叭，那个似乎在打瞌睡的人终于惊醒了，仓促地挂上了第一档。而你却在几秒钟里把自己置于紧张而不愉快的情绪之中。

美国研究应激反应的专家理查德·卡尔森说："我们的愤怒有80%是自己造成的。"这位加利福尼亚人在讨论会上教人们如何不生气，他还就此写了一本书《别为小事抓狂》，这本书在10个月里销售了420万册。卡尔森把防止激动的方法归结为这样的话："请冷静下来！要承认生活是不公正的。任何人都不是完美的，任何事情都不会按计划进行。"应激反应这个词从20世纪50年代起才被医务人员用来说明身体和精神对极端刺激（噪音、时间压力和冲突）的防卫反应。现在研究人员知道，应激反应是在头脑中产生的。即使是在非常轻微的恼怒情绪中，大脑也会命令分泌出更多的应激激素。这时呼吸道扩张，以便为大脑、心脏和肌肉系统吸入更多的氧气，血管扩大，心脏加快跳动，血糖水平升高。

埃森医学心理学研究所所长曼弗雷德·舍德洛夫斯基说："短时间的应激反应是无害的，使人受到压力的是长时间的应激反应。"他的研究所的调查结果表明：61%的德国人感到在工作中不能胜任；有30%的人因为觉得不能处理好工作和家庭的关系而有压力；20%的人抱怨同上级关系紧张；16%的人说在路途中精神紧张。

理查德·卡尔森的一条黄金规则是："不要让小事情牵着鼻子走。"他说："要冷静，要理解别人。"他的建议包括以下几个方面：

表现出感激之情——别人会感到高兴，你的自我感觉也会更好；

学会倾听别人的意见，这样不仅会使你的生活更加有意思，而且别人也会更喜欢你；

每天至少对一个人说，你为什么赏识他；

不要试图把一切都弄得滴水不漏，只要找，总是能找到缺点的。这样找缺点，不仅会使你也会使别人生气；

不要顽固地坚持自己的权利，这会没有必要地花费许多精力；

不要老是纠正别人；

常给陌生人一个微笑；

不要打断别人的讲话；

不要让别人为你的不顺利负责；

要接受事情不成功的事实——天不会因此塌下来；

请忘记事事都必须完美的想法，你自己也不是完美的。

如果你这样做了，生活会突然变得轻松得多。

如果抑制不住生气呢？这时你要问自己：一年后生气的理由是否还那么重要？这会使你对许多事情有一个正确的看法。

感谢批评你的人

你应该对那些批评你的人表示欢迎和感谢，因为从反对你、批评你的人那儿，你可能会得到更多的教益。

人不能没有自负，尤其对青少年来说，在适当的范围内，自负可以激发他们的斗志，树立必胜的信心，坚定战胜困难的信念，使他们能勇往直前。但是，自负又必须建立在客观现实的基础上，脱离实际的自负不但不能帮助人们成就事业，反而影响自己的生活、学习、工作和人际交往，严重的还会影响心理健康。

当你知道别人在谈论你的缺点时，先冷静一下，不要急于为自己辩护。仔细地倾听一下，对方在说些什么，因为从反对你、批评你的人那儿，你可以得到更多的教益。

有时候，批评可以使我们更好地完善自我。生物学家达尔文就充分认识到了这一点。

当达尔文完成其不朽的著作《物种起源》时,他已意识到这一革命性的学说一定会震撼整个宗教界及学术界,同时也必然会招来不少的批评、指责甚至辱骂。因此,他主动地开始自我批评,并耗时15年不断查证资料,不断向自己的理论发出挑战,以批评来完善自我,使自己的理论更加无懈可击。

当别人批评我们的时候,我们往往会不假思索地采取防卫姿态。不管正确与否,人们总是讨厌被别人批评,喜欢被别人赞赏。我们并非动物,而是有理智的人,但是很多时候,我们的理智就像狂风暴雨下汪洋中的一叶扁舟,往往不堪一击。

在别人谈论自己的缺点时,急于为自己辩护并不能给我们带来什么好处,反而会贻笑大方。每个没头脑的人都会这样做。尚福尔告诉人们:"流言蜚语是一只纠缠不休的黄蜂,我们对它绝不能轻举妄动,除非我们确信能够打死它,否则,它反击我们时会比先前更凶猛。"我们不妨表现得更聪明一点,也更谦虚一点,大气地说:"如果让他知道我其他的缺点,恐怕他还要批评得更厉害呢!"

我们每个人都无法成为圣人,因此,我们都不可避免地会做一些蠢事。也许随着岁月的流逝,我们想起年少时做的傻事,自己都会脸红。

一位哲学家说:"我经常责怪别人,不过随着年龄的增长——但愿也同时长了一点智慧——我最后发现应该责怪的只有自己。"很多人随着岁月的流逝都渐渐地认清了这一点。

在被放逐到圣海伦岛以后,拿破仑回忆自己几十年的戎马生涯说:"我的失败完全是咎由自取,不能怪罪别人。我最大的敌人其实是我自己,这也是造成我今天不幸命运的根本原因。"

艾森豪威尔是一位深谙自我管理艺术的人物。几十年来他一直有个记事簿,记载一天中有哪些约会。家人从不指望他周末晚上会与他们去参加家庭聚会,因为他们知道,艾森豪威尔常把周末晚上留作自我反思，评估自己一周中的工作表现。周末晚上，艾森豪威尔独自一人打开记事簿，反省一周来所有的面谈、讨论及会议所涉及的事项。他自问："我当时做错了什么？有什么是正确的？我还能如何改进自己的工作表现？我从这次经验中能吸取什么教训？"这种每周例行的检查有时会弄得他很心烦，有时他真不敢相信自己的莽撞。当然，随着年事渐长，这种情况也是越来越少。保持这种自我分析的习惯，对他的帮助非常大。

科学家本杰明·富兰克林每晚都进行自我反省。在年轻时，富兰克林发现自己有13项严重的缺点，其中3项是：浪费时间、关心琐事及与人争论。睿智的富兰克林知道，如果自己不改正这些缺点是成不了大事的，于是，他每周都会选择一个要克服的缺点作为努力目标，并每天记录取得成功的是哪一项。下一周，他再努力克服另一个缺点。就这样他与自己的缺点奋战，整整持续了两年。当然他受益匪浅，最后成为一位受人爱戴、极具影响力的伟大人物。

艾尔伯特·哈伯特说过："人们一天起码有5分钟是糊涂的，智慧似乎也有盲区。"由此看来，每个人都会有缺点，但只要你能够去改正，缺点就会愈来愈少。

你应该对那些批评你的人表示欢迎和感谢。因为，从反对你、批评你的人那儿，你可能会得到更多的教益。

从容让你不战而胜

你给别人以微笑，别人回报你以友情。你什么也没付出，却得到了一份珍贵的感情馈赠。

意大利诗人但丁的经典名言,就是"走自己的路,让别人去说吧"!而真正能够做到不随波逐流,能够从容地面对变幻不定的世界,能够微笑着面对毁谤、微笑着面对危险、微笑着面对坎坷崎岖人生的又有几个人呢?

武则天掌管天下的时候,狄仁杰任豫州刺史。他办事公平,执法严明,受到当地百姓的交口称赞。于是,武则天把他调至京城,升任宰相。

有一天,武则天对狄仁杰说:"听说你在豫州任职的时候,名声很好,政绩也很突出,但有人揭你的短,说你的坏话,你想知道此人是谁吗?"

狄仁杰回答道:"人家说我的不好,如果确实是我的过错,我愿意改正;如果陛下已经弄清楚不是我的过错,这是我的幸运。至于是谁在背后说我的不是,我不想知道,这样大家可以相处得更好些。"

武则天听后,觉得狄仁杰气量大,胸襟宽,很有政治家风度,更加赏识他,敬重他,尊称他为"国老",还赠给他紫袍金带,并亲自在袍上绣了12个金字,以表彰他的功绩。

后来,狄仁杰因病去世,武则天流着泪说:"上天过早地夺去了我的国老,使我的朝廷里再没有像他那样的人才了。"

问心无愧的人无须为自己洗刷。狄仁杰的处世之道,可资借鉴。

北宋时有个读书人,叫吕蒙正。他知识渊博,修养很好,后来不但考中状元,而且在多年之后担任了参知政事的职务,相当于宰相的地位。

有一天,吕蒙正与同僚们走入皇宫,快要上朝的时候,听见有个官员在其背后指着他愤愤不平地对别人说:"这小子也能当参知政事吗?"

吕蒙正假装没有听见,但是和吕蒙正一起上朝的朋友个个心中不平,想要去追查究竟。

吕蒙正急忙摇手制止了他们，并对他们说："算了，那人说我的坏话，对我又有什么损失呢？可是，如果我执意要去查看，知道了谁在说我的坏话，那我就会永远记住他的姓名，扰乱了我宁静的心灵。就算惩处了他，对我又有何好处呢？所以，我宁可不知道，也不去查问是谁在暗地里说我的坏话。"

其实，一个人要战胜闲言与毁谤，大多不必针锋相对、寸步不让，不卑不亢、我行我素、问心无愧反倒是个好办法。

曾经有一位老和尚，受到了他人的毁谤，但他态度仍然非常从容，内心丝毫不为所动。一天，他拿着锄头在庭院里锄草，突然有一个人莽撞地跑来谩骂他、诅咒他："你这骗财骗色的老和尚！"老和尚听了没有生气也没有解释，只微笑着回答说："你自己没有就好了。"

修行者心中光明磊落，不被环境所左右，抱持着"如果我骗财骗色，我下地狱；但是别人没有这样就好了"的态度来面对毁谤。

你给别人以微笑，别人回报你以友情。你什么也没付出，却得到了一份珍贵的感情馈赠。斯提德说得极为精彩：微笑无需成本，却创造出许多价值。微笑使得到它的人们富裕，却并不使献出它的人们变穷。

当你微笑着走向世界的时候，所有的艰辛和磨难不但不能奈何你，反而更衬托出你那从容不迫的风度。

这就是你不战而胜的法宝。

礼貌谦让

谦让是一种胸怀，一种美德，一种风度，一种智慧，更是一种修养。

人性密码

有一天，山雀妈妈捉回了一只毛毛虫，三只小山雀都要先吃，它们你争我夺，直到把虫子弄得粉碎。过了一会儿，山雀妈妈又捉了一只虫子。3只小麻雀仍然放不下争执，杜鹃一口吞掉虫子。又过了一会儿，山雀妈妈再次捉回一只虫子。3只小麻雀还是你争我夺，谁都没吃到。

俗话说得好："与人方便，与己方便"，谦让不但能让你得到别人的尊重和感激，而且会使你拥有很多知心朋友，当你遇到困难时，他们会伸出无私的援助之手，这是对你谦让别人的最大回报。而一个自私自利的人是永远品尝不到帮助别人的乐趣的，他也只能是孤家寡人，没有知心的朋友和他同舟共济，这样的人不是很可悲也很可怜吗？

在生活中常会看到，有些"血气方刚"的人因为一些鸡毛蒜皮的琐碎小事、一点微不足道的蝇头小利而互不相让、恶语攻击，甚至大打出手，使事情发展到不欢而散直至无法挽回的地步。这样做不仅使双方怒火中烧，破坏了各自的心情，而且损害了双方的形象，还可能会付出搭钱又搭命的惨重代价。试问，这样做有意义吗？这样做值得吗？不相谦让、斤斤计较的结果既然是害人又害己，那为什么不能学着控制自己的情绪，展示自己的涵养，表现自己的大度，谦让一下别人呢？

郑玄想注《春秋传》，还没有完成。有事外出，与服虔不期而遇，同住一家客店，起初彼此互不认识。服虔在客店外的车上和别人谈论自己注这部书的想法。郑玄听了很久，觉得服虔的见解多数和自己相同。于是走到车边，对服虔说："我早就想注《春秋传》，目前还没完成。听了您刚才的话，看法大多与我相同。现在，我应该把自己所作的注全部送给您。"

可见，谦让是一种风度和境界，如果人人都能谦让，那人人都能受益。举一个很浅显的例子：走在山间小路上，两个人不能同时通过时，如果争先恐后就有堕入深谷的危险，最终会导致同归于尽，但如果自己先停住脚步，让他人先过去，那么每一个人都能安全地走过这条小路。所以在生活中，只有相互谦让友爱，才能避免纠纷，得到开心。

　　与他人打交道的时候，比如在公共汽车上，给老人、病人，给抱小孩的乘客让座，这是大家所公认的美德，你的"谦让"会赢来他人赞许的目光。我们学会关心、帮助别人，同时也使我们从中体会到得到别人关心、帮助、照顾时的感激之情。谦让不是一件容易的事，孔融让梨的故事，发扬光大起来，确有教育价值，如果人人在交往接触中都能做到谦让，我们的社会就会更加和谐。谦让对我们来说更多的是自觉遵守一种秩序，而这种秩序的遵守，于人于己都会带来方便。大凡世间万事，无不是争则不足，而让则有余。邻里之间，同学之间，路人之间遇到矛盾，即使"有理"，让一让也会海阔天空，春风拂面。乘公交车时让个座，愉悦会在你的心中油然而生，美好一瞬也会在他人心间永驻；开车能让一让，平安吉祥会一直陪伴身边……谦让是一种胸怀，一种美德，一种风度，一种智慧，更是一种修养。我们需要谦让精神，这个时代也呼唤谦让精神。

　　"径路窄处，留一步与人行；滋味深处，减三分让人尝。此是涉世一极安乐法。"为了把我们的社会变得美好而又和谐，让我们用谦让来对待别人，用微笑来面对别人，用双手来帮助别人，用心灵来关爱别人吧！

第十二章
重视情感：
事业成功只能算成功了一半

《高效能人士的7个习惯》告诉我们：仅有事业成功只能算成功了一半，唯有兼顾事业、家庭、人际关系、个人成长等人生其他层面的和谐发展才是真正的成功。

第十二章 重视情感：事业成功只能算成功了一半

将你身边的爱传递出去

如果人人都献出一片爱，世界将变成美好的人间。

多年前一个感恩节的早上，有对年轻夫妇却极不愿醒来，他们不知道如何度过这一天，因为他们实在是穷得可怜。圣诞节的"大餐"想都别想，能有点简单的食物吃就不错了。

早先若是能跟当地慈善团体联络，或许就能分得一只火鸡及烹烤的佐料，可是他们没有这么做，为什么呢？就跟其他不少家庭一样，要有骨气，是怎么样就怎么过这个节。

贫贱夫妻百事哀，无可避免地，没多久这对夫妇就争吵起来。随着双方越来越烈的火气和咆哮，看在这个家庭最长的孩子眼里，只觉得自己是那么的无奈和无助。然而命运就在此刻改观了⋯⋯

沉重的敲门声在耳边响起，男孩前去应门，一个高大男人赫然出现在眼前，穿着一身皱巴巴的衣服，满脸的笑容。这个男人手提着一个大篮子，里头满是各种能想到的感恩节礼物：一只火鸡、塞在里面的配料、馅饼、甜薯及各式罐头等，全是感恩节大餐必不可少的。

这家人一时都愣住了，不知道是怎么一回事，门口的那人随之开口道："这份东西是一位知道你们有需要的人要我送来的，他希望你们知道有人在关怀和爱你们。"

起初，这个家庭中做爸爸的还极力推辞，不肯接受这份礼，可是那人却这么说："得了，我也只不过是个跑腿的。"带着微笑，他把篮子搁在小男孩的臂弯里转身离去，身后飘来了这句话："感恩节快乐！"

　　就是那一刻，小男孩的生命从此就不一样了。虽然只是一个小小的关怀，却让他晓得人生始终存在着希望，随时有人——即使是个"陌生人"——在关怀着他们。在他内心深处，油然兴起一股感恩之情，他发誓日后也要以同样方式去帮助其他有需要的人。

　　到了18岁时，他终于有能力来兑现当年的许诺。虽然收入还很微薄，在感恩节里他还是买了不少食物，不是为了自己过节，而是去送给两户极为需要的家庭。

　　他穿着一条老旧的牛仔裤和一件T恤，假装是个送货员，开着自己那辆破车亲自送去。当他到达第一户破落的住所时，前来应门的是位拉丁妇女，带着提防的眼神望着他。她有6个孩子，数天前丈夫抛下他们不告而别，目前正面临着断炊之苦。

　　这位年轻人开口说道："我是来送货的，女士。"随之他便回转身子，从车里拿出装满了食物的袋子及盒子，里头有两只火鸡、配料、馅饼、甜薯及各式的罐头。见此，那个女人当场傻了眼，而孩子们则爆出了高兴的欢呼声。

　　忽然这位年轻妈妈攫起年轻人的手臂，没命地亲吻着，同时操着生硬的英语激动地喊着："你一定是上帝派来的！"年轻人有些腼腆地说："噢，不，我只是个送货的，是一位朋友要我送来这些东西的。"

　　随之，他便交给妇女一张字条，上头这么写着："我是你们的一位朋友，愿您一家都能过个快乐的感恩节，也希望你们知道有人在默默爱着你们。今后你们若是有能力，就请同样把这样的礼物转送给其他有需要的人。"

　　年轻人把一袋袋的食物不停地搬进屋子，使得兴奋、快乐和温馨之情达到最高点。当他离去时，那种人与人之间的亲密之情，让他不觉热泪盈眶。回首瞥见那个家庭的张张笑脸，他对自己能有余力帮助他们，内心充满了幸福的感觉。

他的人生竟是一个圆满的轮回，年少时期的"悲惨时光"原来是上帝的祝福，指引他一生以帮助他人来丰富自己的人生，就从那一次的行动开始，他不懈地追求，直到今日。

这个故事是美国心理学大师安东尼·罗宾告诉我们的。他以行动回报当年他及家人所得到的帮助，提醒那些受苦的人们天无绝人之路，总是有人在关怀他们，不管所面对的是多大困难，即便是自己所知有限、能力不足，但只要肯拿出实际行动，就能从中学到宝贵的功课，寻着自我成长的机会，以至最终获得长远的幸福。

拥有感恩的心才能走得更远

无论我们走到哪里，我们都生活在"爱"之中，如果生活中没有"爱"，我们无论如何也是无法生活的，正因为有了爱我们的人，我们才生活得如此幸福。

一年一度的少儿钢琴比赛在好男人俱乐部举行，经过3天的角逐，一位11岁的女孩获得了本次比赛的冠军。她是一所贵族学校的学生，她用的钢琴是德国进口的海德曼钢琴，一架就13万元人民币。她的指导老师是艺术学院的一位知名教授，每周六由女孩的爸爸派车把他接到家里来指导。女孩是这位父亲的独生女儿，他们住在龙潭别墅区的一幢大房子里。

颁奖晚会上，女孩弹了一首贝多芬的《月光奏鸣曲》。听说这支曲子是贝多芬在月光下散步时创作的，当时，他路过一位少女的钢琴室，这位少女是位盲人，刚刚失去母亲。她正坐在窗下的钢琴旁弹哀婉的曲子。贝多芬听到琴声，悄悄走进去，借着少女哀婉的序曲和洒在钢琴键盘上的月光,写下了这首飘逸空灵又饱含感伤的传世之作。

获奖女孩弹完这支曲子,已经是泪流满面。女主持人见她如此投入和动情,问她:"你能告诉大家你此刻的心情吗?"女孩回答:"我很幸福和激动,但是假如我妈妈知道的话,我会更快乐些。"

原来,女孩的妈妈是个警察,曾经很爱女孩。但是,在一次执行任务中牺牲了。那时,女孩仅仅5岁,这5年的母爱,对一个刚刚懂事的孩子来说是多么珍贵和难得。所以当孩子渐渐地长大,她越发思念自己的妈妈,同时对那些每天生活在母爱当中的孩子也非常羡慕。

母爱是伟大的,试问我们每个人,谁能不接受母爱而活下来呢?还有一个家喻户晓的小故事,故事虽然短小,但我们相信,只要听过它的人,都会为其中那伟大的母爱感动得流泪。

一位慈爱的母亲很溺爱她的孩子。孩子要什么,慈爱的母亲就会想尽办法为孩子拿到。母亲宁愿自己痛苦,也要把一切幸福留给孩子。孩子一天一天渐渐长大了。最后,孩子离开母亲到外地去工作。

母亲独自在家很想念孩子,因为这么多年她都是与孩子相依为命,没有别的伴侣。终于有一天,孩子从外地回来了,母亲非常高兴,做了孩子最愿意吃的饭菜。孩子吃完了去睡觉,母亲就整整一夜坐在孩子身边,她怕孩子醒来后就会离开她。第二天,孩子睡醒了,他对母亲说:"自己结婚了,妻子没跟他一起回家,但现在有点麻烦来找母亲解决。"母亲很着急,忙问是什么事。孩子说:"我的妻子得了重病,需要你的心做药才能治好。"母亲一听,伤心欲绝。对孩子说:"我的心或许可以救你的妻子,但我没有了心也会死的。"

最后,母亲还是把心交给了孩子。孩子很高兴,捧着母亲的心急切地往妻子身边跑,他想快点救活妻子。由于太急,孩子一不小心摔倒了，他忙爬起身去看心摔坏没有，这时，母亲的心说话了："孩子，你摔疼了吗？"

两个故事讲述着同样的母爱，一个孩子珍惜母爱，一个孩子糟蹋母爱，原因是第一个孩子享受的母爱太少，而第二个孩子却拥有太多的母爱。所以第一个孩子感谢爱她的母亲，而第二个孩子却拿着母亲的心去寻找自己的幸福。

生活中的爱有许多种，母爱只是其中之一。无论我们走到哪里，我们都生活在"爱"之中，如果生活中没有"爱"，我们无论如何也是无法生活的，正因为有了爱我们的人，我们才生活得如此幸福。所以，让我们感激那些爱着我们的人吧。